Deep Learning Software Library for Machine Vision

SuaKIT

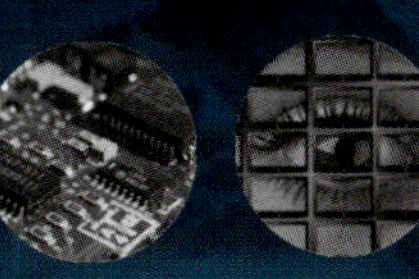

SuaKIT は産業用途の画像解析に特化したディープラーンニングベースのソフトウェアです。
現状の検査官が目視検査の為に費やしている時間や、それに伴う工数を劇的に削減します。
グラフィカルかつ簡単・感覚的な操作で、すぐに使用することが可能です。

主な検査ツール

セグメンテーション
特定の欠陥部位の検出／抽出

クラシフィケーション
画像内の分類分け

ディテクション
特定の位置 / サイズの検出

様々な検査機能

画像比較
2つのイメージ画像の差分を学習することにより、より正確に欠陥部位の特定が可能です。

マルチイメージ
複数の光学条件で撮影された画像をまとめて学習・分析します。画像をまとめて検査することにより、処理時間を短縮します。

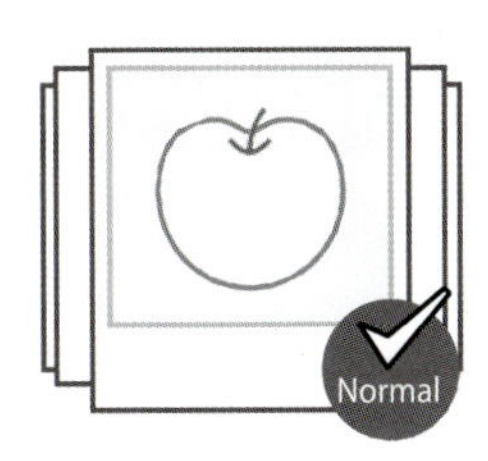

ワンクラスラーニング
良質画像のみを学習に使用し、未知の欠陥を検出することが可能です。

便利なサポート機能

ビジュアルラベラー
学習前処理の煩わしい領域指定の工程を、ソフトウェアから半自動的に抽出します。
(対応ツール:Segmentation)

ビジュアルデバッガー
画像の仕分け後、ディープラーニングが画像内のどの部分に注目しているかを着目し、検出結果のブラックボックス化を防ぐことができます。
(対応ツール:Classification)

追加学習
学習モデルを一から生成する再学習ではなく、精度を保持したまま学習を行うことで、画像枚数を増やしていった際、安定的な精度向上が可能となります。
(対応ツール:Classification)

ADSTEC
http://www.ads-tec.co.jp/

株式会社 エーディーエステック
〒273-0025　千葉県船橋市印内町568-1-1
TEL.047-495-9070　FAX.047-495-8809
Email:sales@ads-tec.co.jp

資料請求No. 001

InGaAs カメラ

検出波長帯域
400 ~ 1700nm

VBS 出力

ARTCAM-131TNIR
ARTCAM-032TNIR
ARTCAM-009TNIR

ARTCAM-008TNIR
ARTCAM-0016TNIR

ARTCAM-031TNIR

USB3.0 USB2.0 Ethernet ANALOG NTSC/PAL

400 ~ 1700nm の近赤外領域に高い感度を有する InGaAs イメージセンサを採用した近赤外線カメラです。

型番	センサメーカー	画素数	検出波長帯域	シャッタタイプ	出力画素数	有効撮像面積	画素サイズ	レンズマウント	フレームレート	シャッタスピード	A/D 分解能
ARTCAM-130SWIR	SCD	130万	400 ~ 1700nm	グローバル	1280×1024	12.8×10.24mm	10×10 μm	Cマウント	30fps	1/25706 ~ 1.27秒	13bit
ARTCAM-131TNIR	海外	32万	900 ~ 1700nm		640×512	9.68×7.68mm	15×15 μm		300fps	1/3000000 ~ 1秒	14bit
ARTCAM-032TNIR	浜松ホトニクス		950 ~ 1700nm			12.8×10.24mm	20×20 μm		62fps	1/1000000 ~ 1秒	
ARTCAM-031TNIR	海外		900 ~ 1700nm			16.0×12.8mm	25×25 μm		27fps	1/1833333 ~ 4.408	12bit
ARTCAM-009TNIR	浜松ホトニクス	8万	950 ~ 1700nm		320×256	6.4×5.12mm	20×20 μm		228fps	1/1000000 ~ 1秒	14bit
ARTCAM-008TNIR	海外		900 ~ 1700nm			9.6×7.68mm	30×30 μm		90fps	1/25706 ~ 1.27秒	
ARTCAM-0016TNIR	浜松ホトニクス	1.6万	950 ~ 1700nm		128×128	2.56×2.56mm	20×20 μm		258fps	1/1000000 ~ 0.013秒	

検出波長帯域
200 ~ 1100nm

紫外線 UV カメラ

USB3.0 USB2.0

紫外線に感度を持つセンサーを採用したカメラです。
紫外線(UV)照明との組み合わせにより、可視光帯域では認識しづらい、物体の表面のキズ、しみ、むら等を映し出します。

型番	センサタイプ	画素数	検出波長帯域	シャッタタイプ	出力画素数	有効撮像面積	画素サイズ	インタフェイス	フレームレート	光学サイズ	A/D分解能
ARTCAM-2020UV	CMOS	400万	200~1050nm	ローリング	2048×2048	13.3×13.3mm	6.5 μm	Camera Link USB3.0	45fps	1型	12bit
ARTCAM-130UV-WOM		130万	200~1100nm		1280×1024	12.8×10.2mm	10 μm	USB2.0	28.5fps		
ARTCAM-092UV-WOM		92万	200~1100nm		1280×720	7.17×4.03mm	5.6 μm		40fps	1/2型	
ARTCAM-407UV-WOM	CCD	150万	200~900nm	グローバル	1360×1024	6.47×4.83mm	4.65 μm		12fps		10bit

NEW!

ダイレクトモニター出力カメラ

Digital Video Output 出力
HD-SDI 出力 VBS 出力

可視光線タイプ 1080P 出力

* 型番 : ARTCAM-185IMX-HD3
* 映像出力 : Digital Video Output、HD-SDI、NTSC/PAL
* 出力解像度 : 1080P(1920×1080)
* 出力端子 : Digital Video Output BNC(HD-SDI) RCA(NTSC/PAL)
* センサ : 1/2型カラーCMOS(SONY IMX185)
* シャッタタイプ : ローリング
* 画素サイズ : 3.75×3.75μm
* 対応レンズ : Cマウント
* 外形寸法 : 50(W)×47(H)×85.9(D)mm
* 電源電圧 : DC5V(ACアダプタ付属)

近赤外線タイプ 720P 出力

* 型番 : ARTCAM-130XQE-HD3
* 映像出力 : Digital Video Output、HD-SDI、NTSC/PAL
* 出力解像度 : 720P(1280×720)
* 出力端子 : Digital Video Output BNC(HD-SDI) RCA(NTSC/PAL)
* センサ : 1型白黒ブラックシリコンCMOS
* シャッタタイプ : ローリング
* 画素サイズ : 10×10μm
* 対応レンズ : Cマウント
* 外形寸法 : 50(W)×47(H)×85.9(D)mm
* 電源電圧 : DC5V(ACアダプタ付属)

リモコン付き

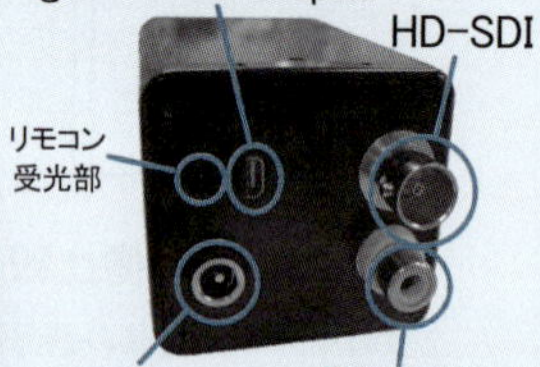

InGaAs/GaAsSb カメラ

近赤外線の広波長帯域に感度を有するInGaAs/GaAsSb（インジウムガリウムヒ素アンチモン）センサカメラです。

住友電工製センサ使用！

ARTCAM-2500SWIR

検出波長帯域
1000 ~ 2500nm

ARTCAM-2350SWIR

検出波長帯域
1000 ~ 2350nm

型番	ARTCAM-2350SWIR	ARTCAM-2500SWIR
検出波長帯域	1000~2350nm	1000~2500nm
有効画素数	320(H)×256(V)	
画素サイズ	30(H)×30(V)μm	
有効撮像面積	9.6(H)×7.68(V)mm	
インターフェイス	Camera Link	
フレームレート	320fps	
受光素子冷却方式	4段電子冷却(-75度)	
A/D分解能	16bit	
電源電圧	DC24V（電源ユニット付属）	
レンズマウント	Cマウント，Uマウント(M42)	
外形寸法	90(W)X170(H)X110(D)mm	
重量	約2500g	

ハンズフリーサーモグラフィ
< 装着型 遠赤外線カメラ > 誕生!!

★作業しながら温度監視可能
★動画・静止画の記録が可能
★ただ振り向くだけで温度画記録が可能

<型番>
* ARTTHERMO-4800

<可視光線カメラ>
* 500 万画素センサー
* 映像出力 720P

<遠赤外線カメラ>
* 波長 8 ~ 14 μm
* 温度測定レンジ：-10℃~ 140℃
* 画素数 80(H)×60(V)
* 感熱感度 ＜50mk
* レプトンラジオメトリック LWIR カメラモジュール

<動作環境>
* 温度：5 ~ 35℃／湿度：20 ~ 80%（但し結露なきこと）

<制御部>
* Android 6.0*Rockchip RK3288 CPU(1.8GHz4 コア Cortex-A17)
* Mali-T764 GPU*2GB SDRAM(DDR3)
* 記録媒体：microSD カード（32GB まで対応）
* PC 接続：USB2.0(mcroUSB)
* 電源：DC12V(AC アダプタ付属)、内蔵バッテリ
* 内蔵バッテリでの動作時間：約 2 時間

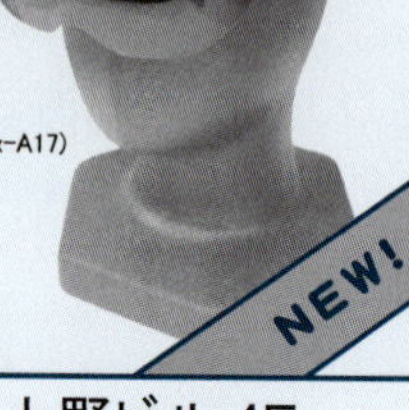

NEW!

株式会社 アートレイ
ARTRAY
〒166-0002 東京都杉並区高円寺北 1-17-5 上野ビル 4F
TEL：03-3389-5488 FAX：03-3389-5486
E-mail：artray@artray.co.jp URL：www.artray.co.jp

資料請求No. 002

〔産業分野における〕

AI・ディープラーニングを利用した画像検査・解析の効率化

CONTENTS

JIIA 日本インダストリアルイメージング協会
Japan Industrial Imaging Association

JIIA の発足は、産業用途での画像機器（工業用カメラ、入力装置、画像処理装置、画像処理ソフト、光学機器、照明装置、計測・解析機器等）の出荷額において日本が世界で占める割合は大きい。これら産業用画像分野の発展に貢献する組織が日本にも誕生し、以下のような活動を行うことが、日本国内外から望まれたからであります。

- ◉海外における統一規格の国内への普及活動
- ◉海外にある関連協会への日本からの働きかけ
- ◉日本発の標準化事業を行なう組織の必要性
- ◉世界的な市場統計、日本製品の紹介

- JIIA
  - 運営委員会
    - 統計分科会
    - 知財分科会
    - 広報分科会
  - 標準化委員会
    - カメラインターフェース専門委員会
      - Embedded Vision I/F 分科会
      - CoaXPress 分科会
      - 光伝送メディア 分科会
      - GigE Vision 分科会
      - USB3 Vision 分科会
      - Camera Link 分科会
      - 次世代Visionネットワーク準備部会
    - カメラプロトコル専門委員会
      - IIDC2 分科会
      - GenICam 分科会
    - 撮像技術専門委員会
      - カメラ仕様分科会
      - 照明分科会
      - レンズ分科会

【活動の主な内容】

JIIA は、「産業用画像分野を通して産業の発展に寄与することを目的とし、次の事業を行う」と定款に謳っております。

（1）先進的な産業用画像技術に係る標準化の推進

（2）国際的、横断的な標準化事業及びそのための調査研究等への参画、提言

（3）産業用画像分野の理解促進と情報交流のためのセミナー、講演会等の開催

（4）各種標準化会議の内容及び関連資料の開示、提供

（5）産業用画像分野の技術動向、市場情勢等に関する調査・統計資料及び関連情報の開示、提供

（6）国際的、横断的な産業用画像分野の会議、イベント等の主催及び支援

（7）その他、本会の目的を達成するために必要な事業、及び前各号に掲げる事業に付帯又は関連する事業を挙げ活動しております。

入会のお申込み方法について

日本インダストリアルイメージング協会に関します入会のお申込みにつきましては、
ホームページ（http://jiia.org/）より「入会申込書」をダウンロードし、必要事項をご記入・ご捺印の上、
下記あてに郵送にてお申込みをお願い申し上げます。

お申込書のご郵送宛先
〒169-0073　東京都新宿区百人町2-21-27（アドコム・メディア㈱内）
一般社団法人　日本インダストリアルイメージング協会事務局　宛

※お申込み書類は、ご返却いたしませんが、ご提供いただいた個人情報は、お客様ご本人のご承諾がない限り、原則として協会の設立およびその後の運営利用目的以外の用途には使用致しません。また、個人情報保護に関する法令およびコンプライアンスの基本に則り、個人情報の取扱いに関して、厳正な取扱いに努めて参りますのでご理解ご了承をお願い申し上げます。

JIIA市場統計冊子 2017年版（第 8 版 FY2011-FY2014）販売中

JIIA統計分科会編集による市場統計冊子（第８版-2017年版）を販売中です。第８版では2014年から2016年までの「エリアカメラ」「画像入力ボード」の統計を掲載しています。部数には限りがあり、先着順での販売となります。
購入ご希望の方は、JIIAホームページ（http://www.jiia.org）の「JIIA市場統計（2014～2016年までの統計データ（第8版）を発行・詳細＆購入」ボタンをクリックし、JIIA統計冊子（PDF版）購入申込フォームから必要事項をご記入いただき、お申込みください。見本のPDFデータも閲覧できます。

AI1904-04

AIの画像検査への応用を行う際の問題点や特色、開発の方向性

Problems, features and development direction of application of AI to image inspection

名城大学　　愛知工科大学　　名古屋工業大学
成田 浩久／舘山 武史・永野 佳孝／藤本 英雄

はじめに

製品の表面状態や部品の有無などの外観検査の工程に、検査員による目視ではなく、画像処理を利用することが多い。これは、検査工程の効率化・工数低減、コストダウンを実現すると共に、人材不足による検査体制の弱体化を避けるためである。

このような画像検査を実施する場合、使用するカメラの数や、撮影角度、照明の当て方などの現場レベルの工夫も行われるが、撮影対象の良否を判断するためのルールを設定し、そのルールに基づいた画像検査プログラムを開発する。しかしルールベースの検査システムは、専門家によるルール決定やシステム構築に時間を要する。

そこで近年では、これらの欠点を解決するためにディープラーニング[1)]を用い、専門家ではなくても高い信頼性と運用性を持つ画像検査システムの開発が数多く取り組まれている[2)]。ディープラーニングとは、人工知能の要素技術の一つであり、収集されたデータに基づいて、多層のニューラルネットワークによる機械学習を行うものである。第1図に示すように、人間の脳のニューラルネットワークを模倣した情報処理が特徴で、中間層を多層にして処理量を増やし、特徴量の抽出能力をあげ、予測精度を向上させることが可能となる。

AIの応用でよくあることであるが、学習に必要となるデータ収集の難しさといったディープラーニングの特性への理解不足や、適用先である生産現場の特色を踏まえた問題設定の仕方、あるいは費用対効果、現場の作業員の導入に対する抵抗などにより実証実験のみで実用化までたどり着かないことも少なくない。

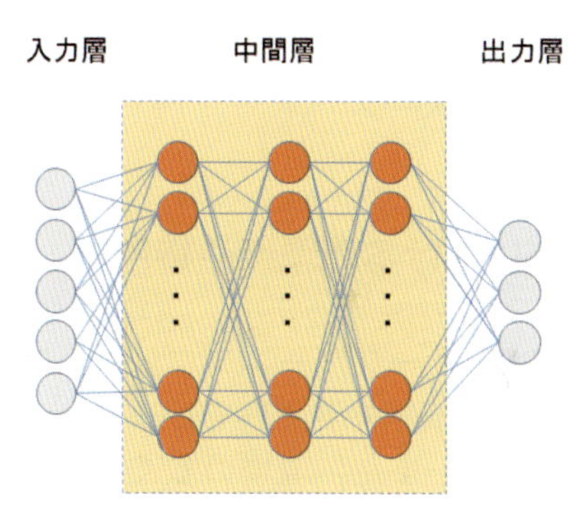

第1図　ディープラーニングの構成

本稿では、最近の製造分野での画像検査の応用から、問題点や特色、開発の方向性をまとめる。

一般的な画像検査へのディープラーニングへの応用

第2図に一般的な画像検査へのディープラーニングの応用イメージを示す。準備段階では、学習させる画像と検証用画像を用意し、ディープラーニングのパラメータ調整後に学習済みモデルを構築して、検証を行う。その後、学習済みモデルを利用して実際の検査工程の画像データから、良品（OK）と不良品（NG）の判定を行う。ディープラーニングに関わるプログラムはオープンソースで利用可能であり、構築しやすい環境が整っていると言える。また、このようなシステムは、新たな製品や欠陥の種類に適

用して自己成長するなどの利点が紹介されるが、実際にはいくつかの問題点が存在する。

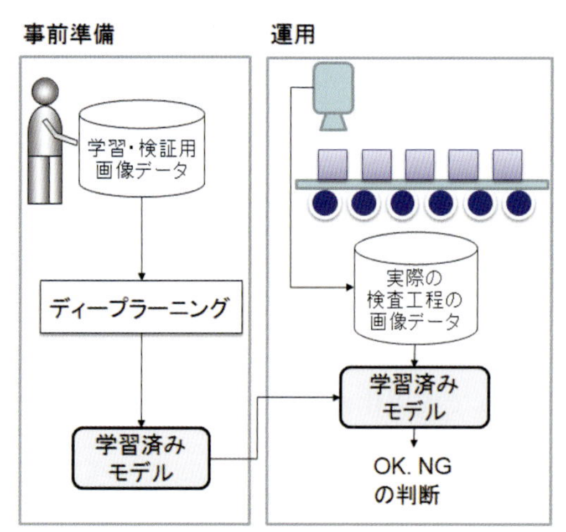

第2図　一般的な画像検査へのディープラーニングの応用イメージ

画像検査における問題点や特色

一般的にはディープラーニングは、人間が想定していない画像の部分を学習してしまいトラブルを起こすことがある。また、現場の多くのエンジニアからすれば、理由が明確に示されない決定に見えるため、導入を迷ってしまい、OKとNGに本当に合理性があるのかを二重にチェックする必要が出てくる。さらには、チェックで問題点があっても確実にディープラーニングに理解させる方法も分かりにくい。このような問題から現場での受け入れが難しく未だに浸透していないことが多い。

また本来、ディープラーニングには、大量かつ同数のOK画像とNG画像が必要である。しかしながら良品を生み出すべき工場では、OK画像の取得のみであれば可能であるが、大量かつ同数のNG画像を事前に準備することは非常に困難であるといえる。新規に検査システムを構築するのであれば、OK画像の準備も難しくなる。

他にも生産現場の特徴としては、良品については、設計時点で許容値も含め合格基準が明確であり、未知の良品（不良品でないもの）を判別する能力は必要ではない。

解決策

このような問題への解決策であるが、一般的な画像処理の立場からすれば、検査対象物の背景をマスキングしたりフリッピング処理を施したりすることになる。導入にあたり数多く取り組まれる方法であるが、生産現場の特徴（制約条件）を加味し、効率的な解析方法をさらに考えるべきである。生産技術者が人工知能に関する知識を十分にもっていないこともあり、どうしてもディープラーニングの導入にあたっては、人工知能の専門家主体で進めることが多くなってしまう。しかし万能な人工知能は存在しないため、実用化にあたっては、生産技術者がディープラーニングの特徴をある程度理解し、実用における特色（制約条件）を提案すべきであると考える。

前節の問題点に対して他の解決策を考える。大量の画像を予め用意することは難しいため、効率的な学習のため転移学習を利用することが考えられる。これは大量にある画像データを使って学習させたモデルを使用し、新しいモデルを少ない画像データで構築する手法である。通常のディープラーニングのネットワークは、画像の特徴を得る層と分類を行う層があり、特徴を得る層だけを利用することで学習に必要なデータを少なくするアプローチである。例としては最終的な出力層の学習のみを適用対象の画像を用いて行い、最小限の画像データで学習済みモデルを構築する。

また、OK画像とNG画像を大量かつ同数用意するのは非常に困難であるため、半教示学習による異常検知の適用が有効であると考えられる。これによりOK

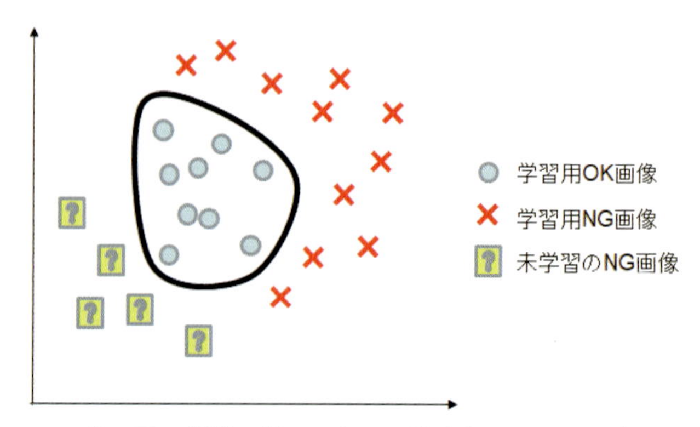

第3図　半教示学習における特徴空間のイメージ

学習のみでのモデル構築が可能となる。教示あり学習では、OKとNGそれぞれの特徴量とラベルを基に学習するため、サンプル画像が少なく未学習の画像を判断する際に間違えてしまう危険がある。ただし生産現場では、良品については明確であるので、良品の未学習画像を判断する場面は想定できず、不良品の未学習画像を適切に判断する能力が必要である。言い換えれば、第３図のイメージに示すように、良品の識別境界を明確にし、それ以外を分ける判断機能があれば良いため、この半教示学習が適していると思われる。

半教示学習にはいくつか手法が存在するが、適用しやすい手法としては、ディープラーニングにOne Class SVM（Support Vector Machine）[3]を組み合わせるものが有名である。これは、OK画像に対して、１つのクラス分を学習させ、識別境界を決定し、その境界を基準に外れ値を検出する手法で、画像検査には適していると思われる。

また生産分野の観点から別の解決策を考えると、デジタルツイン[4]やサイバーフィジカルシステム（CPS）[5]との連携がある。

これらは、第４図に示すように、現実世界の製品の動きや振る舞いを、仮想（デジタル）世界で忠実に再現し、必要に応じて実績データを基に、過去の例や現在の状態、将来の予測などを行うものである。このシステムではCAD（Computer Aided Design）データなどの製品や加工途中の３次元形状モデルなどの詳細なデータを取り扱っており、許容差を持った良品データを意図して作成することが可能である。また人が実際に稼働する前に想定できる不良品も仮想空間上で作成可能であり、それらを利用すれば大量の画像データ作成が実現できる。ただし実際の製品と、コンピュータ内の形状モデルは見た目が異なるため、エッジ抽出などのフィルターを通して同じ画像に変換する必要がある。どのようなフィルターを用い、どのような画像を学習させるかは、各企業のノウハウとして他企業との差別化につながると思われる。さらに画像データやOK，NGの情報を仮想空間に蓄積し、製品の形状情報と加工情報とつなげていけば、何が問題で不良品が生じたなど、様々な生産品質の向上にも貢献し、生産革新に繋がっていくと予想される。

おわりに

一般的な画像検査へのディープラーニングへの応用に際して、問題点を示し、併せて製造業における画像検査の特徴を考慮し、今後の開発の方向性につ

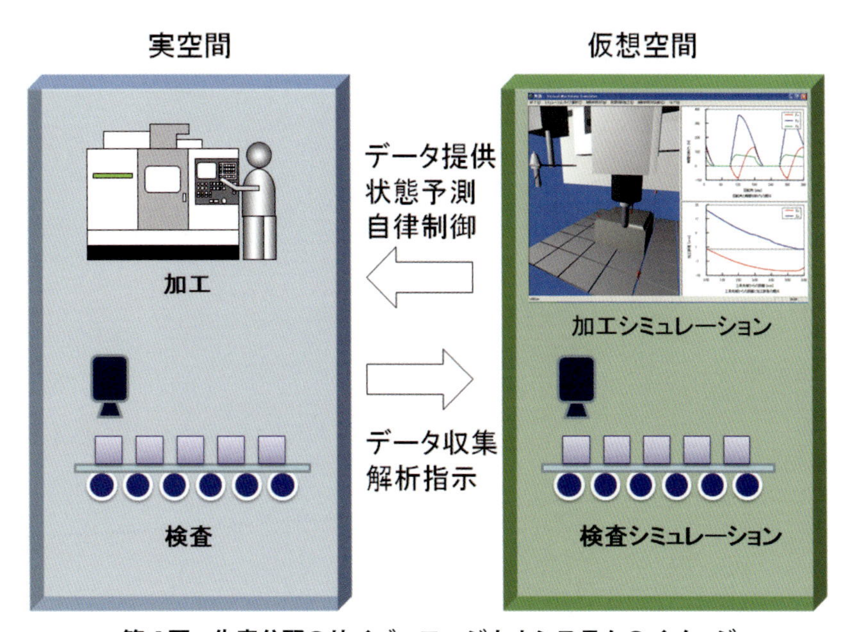

第４図　生産分野のサイバーフィジカルシステムのイメージ

いて述べた。画像検査のみで考えれば、One Class SVMのような半教示学習の応用が一つの方向性であり、将来的にはデジタルツインやサイバーフィジカルシステムとの連携を進めていかなければならないと考える。

参考文献

1) 清水亮，はじめての深層学習(ディープラーニング)プログラミング，技術評論社（2016）
2) 成田浩久，舘山武史，永野佳孝，高橋諒士，山磨誠治，藤本英雄，Deep Learningによる画像認識を用いたガスケット組付けの状態判定に関する検討，日本機械学会生産システム部門研究発表講演会2018講演論文集，pp.99-100（2018）
3) Schölkopf, B., Platt, J.C., Shawe-Talor, J., Smola, A.J. and Williamson, R.C., Estimating the Support of a High-dimensional Distribution, Neural Computation, Vol.13, Issue 7, pp.1443-1471（2001）
4) Saddik, A.E., Digital Twins：The Convergence of Multimedia Technologies, IEEE MultiMedia, Vol.25, Issue 2, pp.87-92（2018）
5) 日比野浩典，中村昌弘，則竹茂年，IoT時代の新生産マネジメントのためのシステム化技術CPPS（Cyber Physical Production System）つながるサイバー工場研究分科会，日本機械学会誌，Vol.120, No.1181, pp.28-31（2017）

【筆者紹介】

成田 浩久
名城大学 理工学部 機械工学科

舘山 武史
愛知工科大学 工学部 電子制御・ロボット工学科

永野 佳孝
愛知工科大学 工学部 電子制御・ロボット工学科

藤本 英雄
名古屋工業大学／藤本技術総研

CNNによる外観検査における注目部位の解析

Analysis of the Region of Interest in Visual Inspection using CNN

（地独）大阪産業技術研究所
北口 勝久

はじめに

目視による外観検査は、疲労による不安定さ、認識基準のばらつき、定量的な距離や寸法計測能力の欠如などの問題があり自動化が望まれている[1]。しかし数値で閾値を決めにくい官能検査は、自動化が遅れている。最近では人の脳の仕組みを模したディープラーニングを、このような外観検査に応用することが期待されている[2]。一方で、ディープラーニングの実利用にあたっては、判断過程がブラックボックスになっていることが懸念されている。わが国でも昨年の12月に、人間中心のAI社会原則検討会議で、人間中心のAI社会原則(案)[3]が提案され、AI社会原則、AI開発利用原則の一つとして、「公平性、説明責任及び透明性の原則」が挙げられている。そしてそこではAIの動作結果の適切性を担保する仕組みなどが求められている。我々は動作結果の適切性を判断するには、入力画像のどの部分に注目して判定を行ったかを知ることが有用と考え、解析を行った[4]。このような研究は既にいくつか行われているが、ヒートマップなどで表現された注目部位を、主観的に評価するものが多い。これに対して我々は客観的な評価を目指して、傷部分への注目度を数値化することを提案している。また、この手法を金属プレス製品の自動外観検査例に適用し、不良品の識別精度と傷部分への注目度に関連があるか調べた結果も紹介する。

関連研究

CNNの識別過程がブラックボックスとなることを懸念し、識別根拠を説明可能にするための研究は既にいくつか行われている。Quocら[5]は分類問題を扱う学習済みモデルに対して、入力画像から非常に高い分類確率を示す画像を探し出し、分類傾向を観察する方法を提案している。G.Montavonら[6]は、レイヤー間の関係性を出力結果から入力データまで逆に辿り、ピクセル単位で識別への貢献度を算出するLayer-wise relevance propagaton (LRP) という手法を提案しており、貢献度分布をヒートマップ表現で可視化している。桑原ら[7]は、学習時にCNNモデルの特徴量とキャプションの対応マップを作成し、識別時に識別結果と同時にキャプションをその根拠として提示する方法を提案している。これらのヒートマップやキャプションを提示する方法は、人間に対して直感的に識別根拠を提示することができるが、数値等で客観的に表現することはできない。そこで本研究では、LRPのヒートマップを基にして、傷部分の注目度合いを示す数値である、LRP比を計算する手法を提案する。

提案手法

CNNモデルで画像識別を行った画像に対してLRPを適用すると、注目部位のヒートマップが作成できる。ヒートマップからは主観的に入力画像のどの部分が

The material in this paper was presented in part at the Proceedings of PRMU2018-59[4], and all the figures of this paper are reused form[4] under the permission of the IEICE.

識別に寄与したかが分かる。CNNモデルを使用した自動外観検査では、傷部分が注目されて識別の根拠となったことが客観的に分かることが望ましい。これを実現するために、傷部分の注目度合いを次に定義するLRP比(R_{LRP})を導入して数値化する。

$$R_{LRP} = m_b / m_f \quad \cdots (1)$$

ただし、m_b、m_fはそれぞれLRP画像中の背景、傷部分の画素平均値を示す（第１図）。LRP画像は注目される部分は赤黒くなり輝度値が小さくなる。これよりR_{LRP}は傷部分に注目が集まるほど大きな値となる。傷部分の決定は、入力画像を見て人手により行う。

実際に行ったCNNによる外観検査実験の結果にLRP比を導入し、LRP比と識別精度の関連を調べたので以下に述べる。

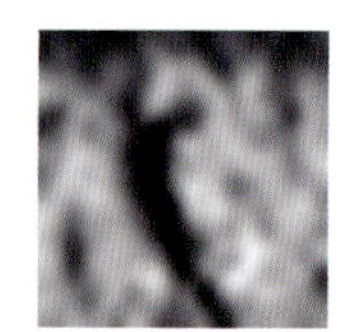
入力画像

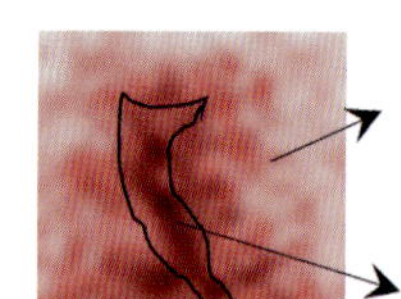

LRP画像

第１図　LRP比(R_{LRP})の算出

CNNによる外観検査実験について

実験に使用したサンプル

実験には円筒状の金属プレス製品を対象として用いた。プレス加工は短時間で所望の形状、寸法の金属製品が均質に作れる等の特徴から広く利用されている。しかし、材料の強度不足などを原因とする割れや、型と材料の間の異物混入や潤滑条件の不適正が原因で、第２図に示すような様々な種類の表面欠陥が発生する[8)]。これらの発生は不可避であり、不良品の出荷を防ぐには外観の全数検査が必要なことから、検査の自動化が求められている。

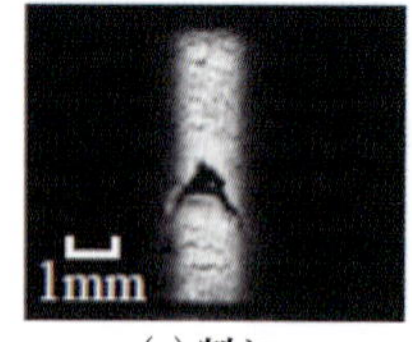

(a)割れ

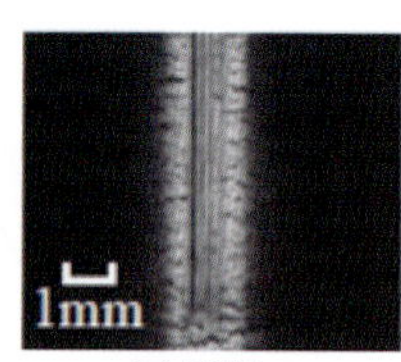

(b)縦傷

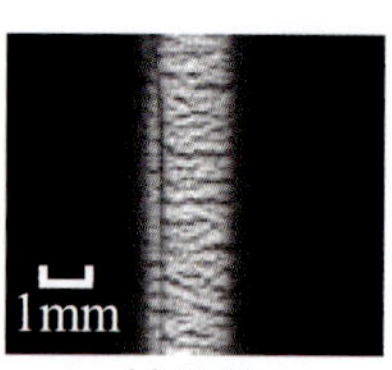

(c)線傷

第２図　プレス加工製品の不良品例

画像データセットの作成

円筒状のプレス加工製品の側面画像を撮影し、CNNの学習と検査に使用した。画像撮影装置を第３図に示す。本装置はホストパソコン、CCDカメラ、LEDストロボ照明器具、回転台で構成され、円筒状の製品全周を約0.05mm/pix.の解像度で撮影する。撮影時にはサンプルを回転台に設置し、１回転する間に30枚のモノクロ画像を取得する。CCDカメラの露光時間を

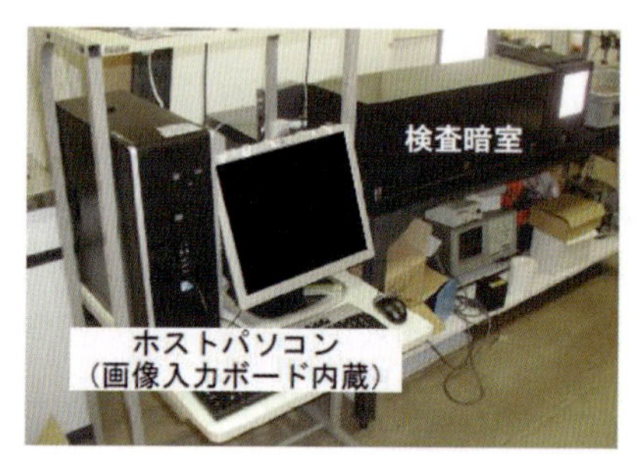

(a)画像撮影装置全体

(b)検査暗室内部

第３図　画像撮影装置

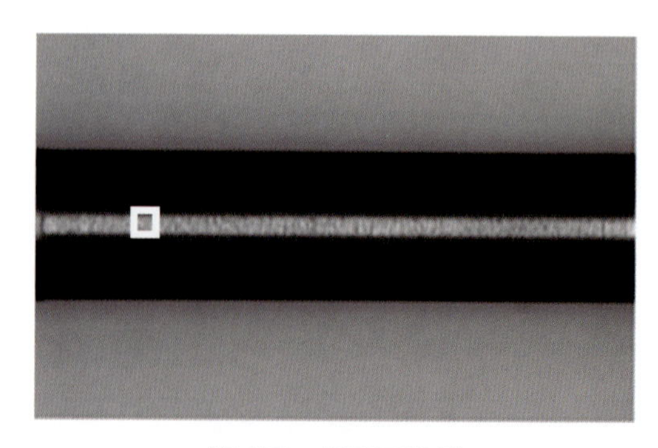

第４図　撮影画像例

短くして回転ブレのない画像を取得するために、撮影時にはLEDをストロボ発光させ大光量を確保している。またLED照明器具にはサンプルの長さと同程度の大きさの同軸落射タイプを用い、サンプルの全領域に均質な光を照射した。LED照明の色は、金属製品であるサンプルの表面での乱反射を抑える為に、波長が比較的長い赤色を採用した。第４図に撮影画像の例を示す。側面全体を撮影した画像から20pix. ×20pix.の画像を切り出したものを実験に用いる。第４図の白い四角形が、今回画像データサイズとした20pix.×20pix.の大きさを示している。切り出しの際のずらし量は、正常部分では10pix.とした。傷部分では画像枚数の水増しのため、ずらし量を1pix.とし、さらにそれらの上下反転画像も作成した。このようにして作成した画像群に対して、下に示すA、Bの２通りの方法で正解タグを作成した。Aは従来通り目的とする識別のタグを付ける方法で、Bは傷を細分化して分類する方法である。

A. 正常品または不良品のタグを付与

B. 正常品、割れ大、割れ小、縦傷、線傷のいずれかのタグを付与

Bの傷の種類は第１図に示したものである。割れの大、小は割れの高さが0.5mm以上の物を大、それ以外を小とした。以降、画像データに対して、Aの正解タグを付与したものをデータセットA、Bの正解タグを付与したものをデータセットBと呼ぶ。

CNNの構成

本研究で使用したCNNの構成を第５図に示す。４層の畳み込み層と１層の全結合層からなり、プーリングの対象領域は各層共通で2×2pix.、学習の最適化手法はSGDとしている。ただし識別のニューロン数は使用するデータセットのカテゴリ数に合わせて変更している。畳み込み層の数及び畳み込みフィルタの数は事前実験により決定した。CNNの実装にはディープラーニングライブラリのChainerを用いた。

実験結果

CNNモデルの学習

実験にはCPUがIntel Corei7 3.5GHz、GPUがnVidia GeForce GTX TITAN X、RAM 48GBのPCを用いた。次に示す方法で２種類の画像データセットそれぞれについてCNNモデルの学習を行い、識別精度を求めた。

画像データセットA、Bそれぞれに対して、以下に示す手順でCNNモデルの学習を行った。

①用意した205本の製品を、学習用の175本と検証用の30本にランダムに分ける。

②学習用の製品から得られる画像から、正常画像を15000枚、正常以外の画像を合計15000枚ランダムに選択し学習画像とする。検証用の製品から得られる画像は全て検証用画像とする。

③CNNの学習は、検証用画像に対する識別精度の最高値が20回続けて更新されない時点で終了とする。

④上記①～③を20回行い、最も識別精度の良かったCNNモデルを保存する。

以降では、画像データセットAで学習したCNNモデルを従来モデル、Bで学習したCNNモデルを細分化モ

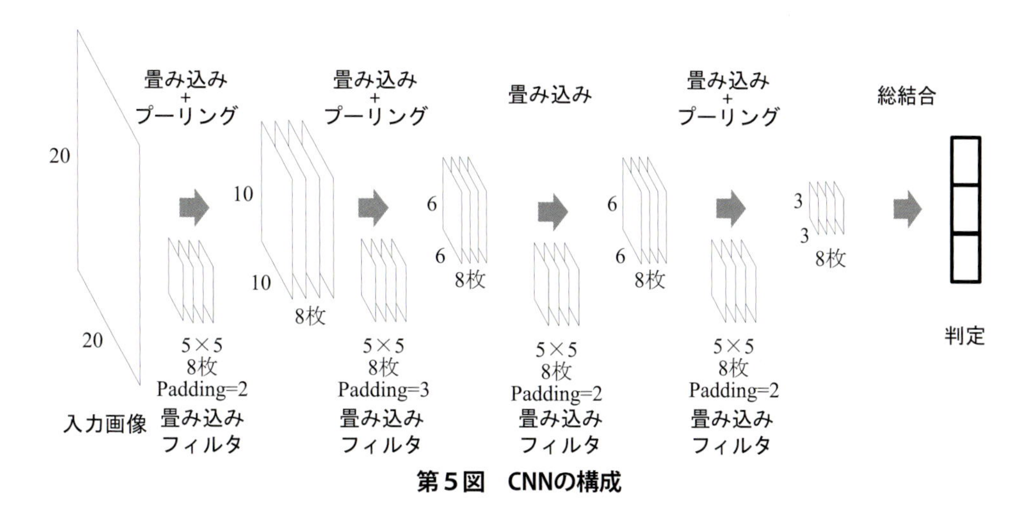

第５図　CNNの構成

デルとする。

画像識別

従来モデル、細分化モデルそれぞれに対して205本の製品から得られる画像を用いた画像識別実験を行う。CNNモデルの学習では水増しした傷画像を含めて行ったが、ここでは実際の検査と同条件とするために、水増し分は使用せずに行った。識別実験に用いた画像枚数は、正常品画像が409355枚、不良品画像が3444枚（割れ大：126枚、割れ小：160枚、縦傷：3014枚、線傷：144枚）である。

識別精度とLRP比の関連性

従来モデル、細分化モデルを用いた識別実験の結果を第1表、第2表に示す。第2表では縦傷の識別率が高いが、これは画像枚数が多い為によく学習が進んだためだと考えられる。細分化モデルの識別結果を基に、従来モデルと同様の識別を行った。具体的には割れ大、割れ小、縦傷、線傷のいずれかのタグが付いた画像は不良品画像とし、同様に割れ大、割れ小、縦傷、線傷のいずれかに識別された場合を、不良品と識別されたとみなした。その識別結果を第3表に示す。第1表と第3表を比較すると、細分化モデルを用いた場合、正常品の識別率は2.3%上がり、不良品の識別率もわずかに上昇した。

第1表　従来モデルの識別結果

		識別結果	
		正常品	不良品
正解タグ	正常品	95.6	4.4
	不良品	4.7	95.3

単位 %

第2表　細分化モデルの識別結果

		識別結果				
		正常品	割れ大	割れ小	縦傷	線傷
	正常品	97.9	0.0	0.1	1.6	0.3
	割れ大	1.6	92.9	5.6	0.0	0.0
	割れ小	8.1	0.0	91.3	0.6	0.0
	縦傷	2.5	0.0	0.0	97.4	0.2
	線傷	32.6	0.0	0.0	2.8	64.6

単位 %

第3表　細分化モデルによる正常品，不良品識別結果

		識別結果	
		正常品	不良品
	正常品	97.9	2.1
	不良品	3.9	96.1

単位 %

第4表　傷の種類ごとのLRP比平均値

傷の種類	検出成功時	検出失敗時
割れ大	1.23	0.97
割れ小	1.26	1.02
縦傷	0.99	0.99
横傷	0.99	1.01

LRP比の有効性を調べるために、細分化モデルの傷の種類ごとのLRP比の平均値を第4表に示す。第4表では傷の検出に成功した場合と失敗した場合に分けて平均値を求めている。第4表より、割れ傷の場合は検出成功時と失敗時でLRP比に差が出ており、傷部分が注目されたときに識別に成功していることが分かる。しかし縦傷、横傷の場合は検出成功時と失敗時でLRP比に差が無い。これは縦傷や横傷が発生している製品は、傷が無い部分も金属の地肌が荒れ気味のものが多く、注目が分散したためと考えられる。LRP比の分布を傷の種類ごとに集計した結果を第6図に示す。第6図で凡例の横の括弧内の数値はそれぞれの場合の平均値を示す。平均値と分布の形から、細分化モデルの方が傷部分に注目が集まっていることが分かる。これが細分化モデルにより識別率が向上した理由の一つと考えられる。

おわりに

今回は、CNNを用いた自動外観検査の学習段階において、傷部分への注目度を数値化する方法を紹介した。先に述べた政府の人間中心のAI社会原則（案）

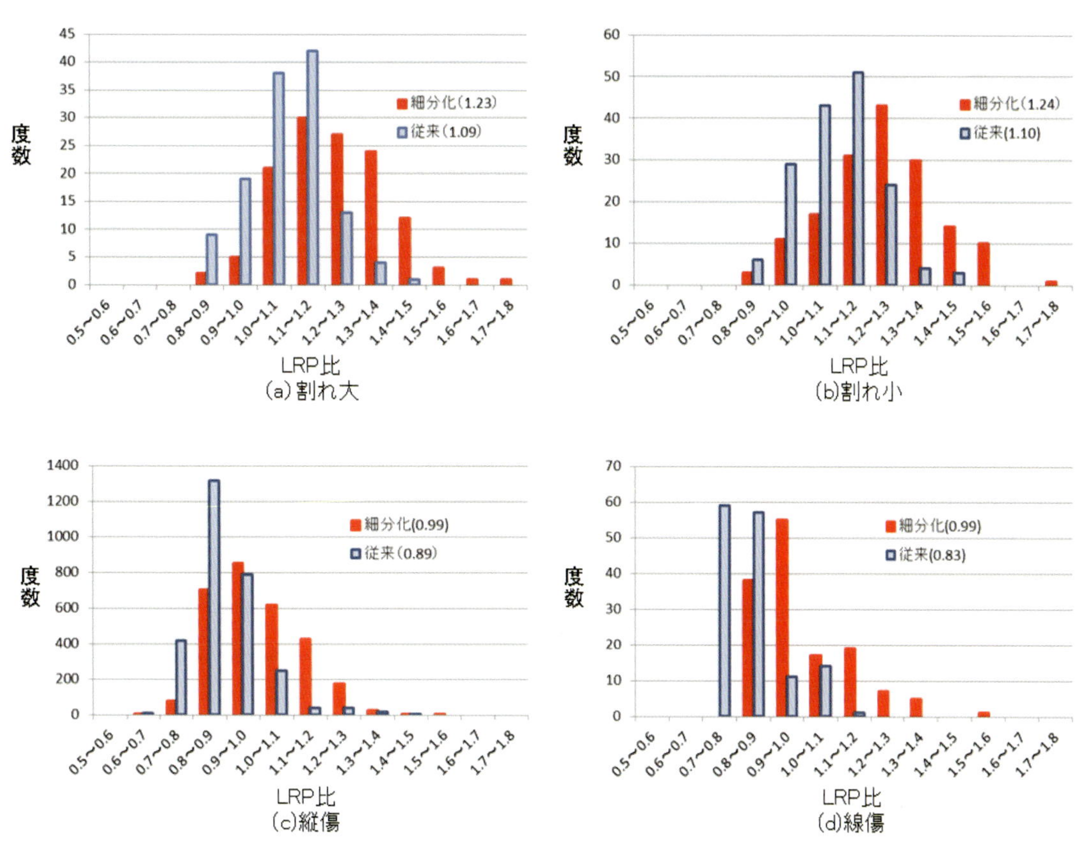

第6図　LRP比の分布

においても、AIを使用した結果に対する責任、技術に対する信頼性の担保が求められており、CNNを利用した検査が何に注目して判定を行うかを知っておくことは、これらの一助になると考える。また、正常画像の注目度の評価や、実際に検査に導入した場合の注目部位の効率的な数値化が今後の課題である。

当研究所では今後も、CNNをはじめとするディープラーニングを自動外観検査に利用する為の課題解決に貢献していきたいと考えている。

参考文献

1) (社)精密工学会、画像処理応用システム、画像応用技術専門委員会(編)、東京電機大学出版局、東京 (2000)
2) 中塚俊介、加藤邦人、中西洋輔、"CNNによる回帰分析を用いた打痕判定に関する考察"、ViEW2016ビジョン技術の実利用ワークショップ講演論文集IS2-25、pp408-413、Dec. (2016)
3) 人間中心のAI社会原則 (2018年12月27日 案) https://www8.cao.go.jp/cstp/tyousakai/humanai/ai_gensoku.pdf
4) 北口勝久、西﨑陽平、齋藤守、"CNNによる外観検査における注目部位の解析"、信学技報, Vol. 118, No. 219, PRMU2018-59, pp. 143-147, 2018年9月.
5) Quic V.Le, Marc' Aurelio Ranzato, Rajat Monga, Matthieu Devin, Kai Chen, Greg S. Corrado, Jeff Dean and Andrew Y. Ng, " Building High-level Features Using Large Scale Unsupe rvised Learning", International Conference on Machine Learning, Edinburgh, Scotland, UK (2012)
6) Gregoire Montavon, Sebastian Lapuschkin, Alexander Binder, Wojciech Samek and Klaus-Robert Muller, " Explaining nonlinear classification decisions with deep Taylor decomposition", Pattern Recognition, Vol.65, pp.211-222, May (2017)
7) 桑原洋、田中正行、"ディープラーニングにおける推論根拠解析"、画像センシングシンポジウム(SSII2018), IS2-02, Jun (2018)
8) (社)日本機械学会、技術資料 金属加工技術の選択と事例、(社)日本機械学会、東京、(1986)

【筆者紹介】

北口 勝久
(地独) 大阪産業技術研究所　環境技術研究部
システム制御研究室

目視検査専用・人口知能サービス

Artificial intelligence service dedicated to visual inspection

HORUS AI（ホルスAI）

㈱アドダイス
伊東 大輔

はじめに：開発の背景

一概にAIといっても様々な手法が存在する。当社のHORUS AI（ホルスAI）は、深層学習に特化し不良の検知だけでなく複雑な分類が可能である。データの専門家による解釈をAIに学習させ環境制御する独自の特許技術SoLoMoNテクノロジーを活用したシステムである。独自特許に基づいた独自AIをサービスとして提供している。IoTにAIを融合させたパイオニア企業であり、なかでも画像検査に特化したHORUS AIは、がん診断支援AIや半導体での検査画像分類など高い信頼性が要求される分野で実績がある（第１図）。

特長

HORUS AIは、従来からある複雑な条件設定が必要となるエキスパート型システムではシステム化が不可能であり人による判定が不可欠であったグレーゾーンの判断をシステム化することができる。また、学習から運用までを全て一般のPCで行うことができるようにソリューション化しているので、AI知識の無い検査員自身でAIの教育が可能である。データサイエンティストが必要となる手組みのシステム開発に比べて非常に短期間に導入が可能である。独自のAI特許技術により、運用時のAI調整もユーザー自身

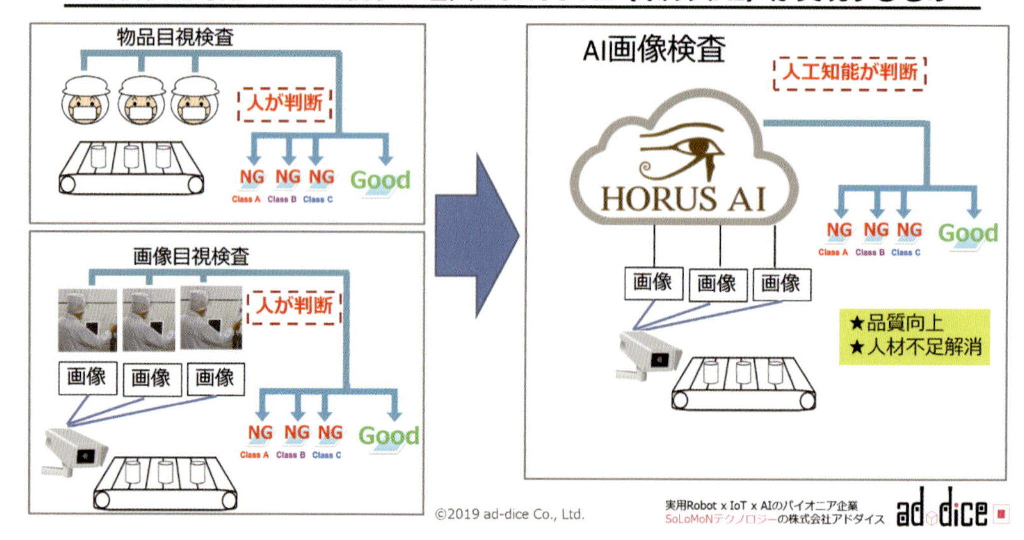

第１図

で行うことが可能なため、
①受入検品基準の変更
②新商品投入
③新たなライン立ちあげに伴い混入した不良対応
などがあったとしてもシステムをゼロから作り込み直す必要が無い。

市場背景

従来からある画像システムでは杓子定規なエキスパート型の判定しかできないため、基準を緩くすると大量の人員を投入した人による判断が必要になるし、基準を厳しくすると歩留まりが悪くなるため良品に戻すための再判定が行われていた。しかし、日本国内の人手不足や海外人件費の高騰に伴う国内工場への回帰などの要員が重なり、要員不足に対応していく省人化自動化の圧力は高まっていた。

当社は2010年よりSoLoMoNコンセプトを提唱しAI技術の研鑽に励んできたが、画像認識の技術は2015年に人間の誤認識率である5%を凌駕し、実用に足るレベルになった。

しかし、工場での検査画像は守秘のために一般には流通していないため、大量のデータを短期間で学習させるという課題に直面した。また、工場は独立自尊の気概があり本社スタッフの介在を好まない傾向もある。一方で、工場は日々の操業が第一優先であるため、データサイエンティストに張り付かれても困ってしまう。

こうした課題を克服するために、学習期間短縮のための技術開発に注力を続け、SoLoMoN UX（ソロモン・ユーエックス）という独自のテクノロジー体系に結実させ、HORUS AIに反映しており、今なお進化を続けている。

システム構成と当社の立ち位置

運用時（利用時）

当社は自動検査装置で必要となる良否・分類のための判定を提供することに特化している。検査装置のハードウェアの部分は、FAの専業メーカーと提携し開発を依頼している。当社は装置から送られてくる画像情報をAIで判定した結果を返す部分のみを担当している。

AI判定結果を確認する操作画面は、アドダイスが提供するものをそのまま使うこともできるし、AI判定結果を手組みのシステムに取り込んで使って頂くことも可能である。手組みのシステムは、既存のソフトハウスが担当していただくことも可能であるし、当社の提携先が開発を担当するという座組も可能である。

既に設置され稼働中の検査装置に後付けすることもできる。後付けの場合は、従来からのシステムが提供していた判定からAIによる判定に差し替えるかAI判定を追加することになる。AI判定を追加する場合は検査装置の操作画面を製作したシステム会社にAIの判定結果を返すAPIを提供し、作り込んで頂く。AI判定に差し替えるか、あるいはAI判定は独立したシステムとして既存システムと並進させる場合は、アドダイスが提供する操作画面をそのまま利用して頂く。

学習時（POC・開発時）

AIを学習させる際は、クラウドに画像をアップロードしPCブラウザ越しに利用する。学習時・運用時ともに、導入支援サービスを提供しているので、最初の導入時は導入支援サービスとセットでの申込みをお勧めしている。通常は、まず講習会を開き、品質管理の責任者だけでなく実際に検査を担当している現場の方々にも参加して頂き、操作を体験して頂くところからスタートする。当社ではイテレーションと呼んでいる２～３週間を一つの単位として学習を進めていく。１回のイテレーションが終わる度に打合せをして次のイテレーションに向けた振り返りと作戦検討を行う。だいたい６回程度で完成時メージが見えてくる。期間は３ヶ月から半年が目安となる。ただし、学習時にどこが不良なのかを指定する作業は検査員ないし品質管理の責任者が担当することになるので、新しいラインの立ち上がりや他の研修など工場の行事の割り込みに所要期間が左右される。また、不良を従来から画像データとして蓄積している場合は、ただちに学習に入ることができる。しかし、画像が無い場合や、撮像装置もこれから用意するという場合は、AI学習に必要な画像を撮りためて初めてAI学習をスタートできる。

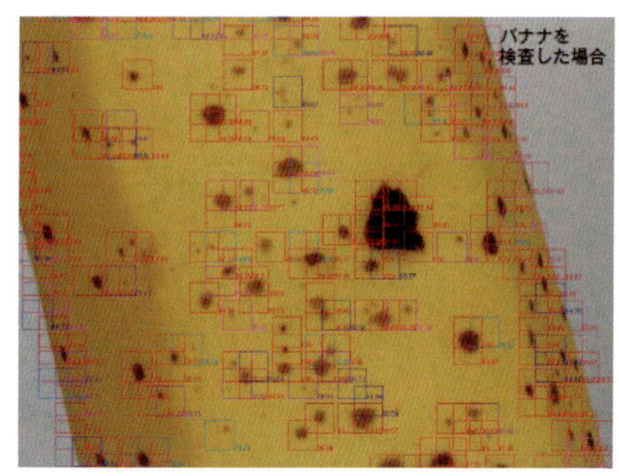

①高速外観検査（傷・汚れ等）

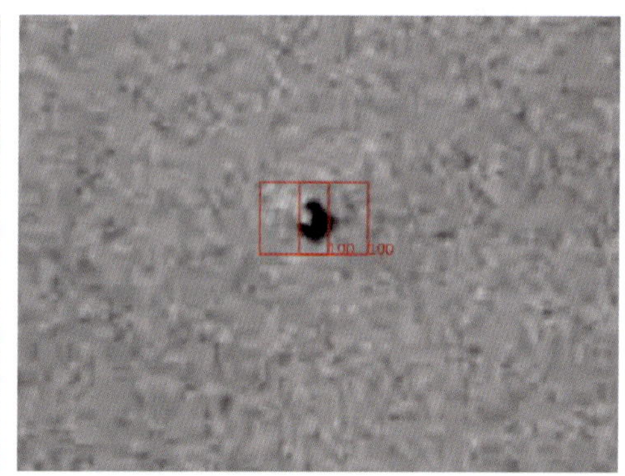
②X線検査装置との連動（異物混入）

第２図　生産ライン導入例

ユーザーは、データサイエンティストでなければ扱えない事柄についてはHORUS AIにお任せで学習を進めることができるので、長年の経験でつちかったカンによる識別眼に基づいてHORUS AI上で学習データを作る作業に専念できる。

対応画像

可視光だけでなくＸ線画像を含め多様なデータ形式に対応できる。温度など時系列データとあわせて判断する必要がある現場についても、SeeGauge（シー・ゲージ）という施設管理向けAIと併用することで対応できる（第２図）。

おわりに：今後の展開

HORUS AIは、画像検査に必要なAIを導入支援サービスとあわせてソリューション化しているので無理なく導入が進められる。しかし、導入は段階的に行うことをお勧めしている。

どんなに先進的な会社でも最初のAI導入時は担当者にも不安がつきまとうし関係者の危惧も丁寧に払拭していく必要がある。AIについて入念に研究を進めておられる担当者でも過大な期待や誤解があるのが普通である。

ステップバイステップでリードしていくので、段階を踏みながらAIについての理解を深めつつ社内外を上手に巻き込んで、AI導入を進めて頂きたい。

一緒にAI時代を切り開きましょう！

【筆者紹介】
伊東 大輔
㈱アドダイス
SoLoMoN事業部
〒110-0005　東京都台東区上野5-4-2 IT秋葉原ビル1F
TEL：03-6796-7788
E-mai：info@ad-dice.com

用途に応じたディープラーニング技術の有効活用方法

Cost effective and simple operation method with Easy-Deep-Learning

低コスト、短期間で実装レベルに導入する手法

Euresys Japan(株)
佐野　樹

はじめに

当社は、1989年にベルギーに設立された画像処理ボード、画像処理ソフトに特化した製品を世界中に提供する専門メーカーです。画像処理ボードの販売累計は、累計75万枚を超え、欧米、アジア、日本市場に大きなシェアを得ている。特にCoaxPess準拠したCoaxlinkフレームグラバーは、世界に先駆けリリースした。また、今回紹介するEasy-Deep-Learningは1996年にリリース以来25万販売されている画像処理ソフトウェア“e-Vision”をベースにした安定したソフトウェアである。

開発の経緯

近年マシンビジョン業界において、生産ラインの制御および検査アプリケーションに対するニーズは拡大の一途をあるが、その多くの要求仕様を満たすためにディープラーニングの機能は、高機能かつ多様化に向かっている結果、時にはオーバースペックで操作性が複雑になり高価格のアプリケーションが増えているのが実情である。当社としては、用途に応じた必要最小限の要求仕様を満たす機能をコンセプトに操作性の良い、生産コストの採算を考慮した価格帯を目指したアプリケーションを提供できる環境が整い製品リリースすることになった。

Easy-Deep-Learningのニューラルネットワーク

当社はベルギー公的開発機関の支援を得て最新のニューラルネットワークをベースに開発が進められている。特に情報お重み付けによってそれぞれの道に対して重み付けが設定され、それぞれのニューロンが接続される構造となっている（第１図）。

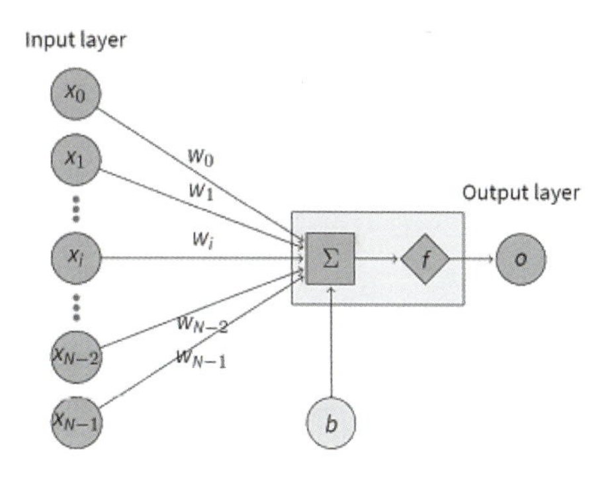

第１図

この叩き込み層（７階層）のフィルターを通し、トレーニングプロセスは予測したい情報を抽出するために最良のフィルターを見つけることを実現している（第２図）。

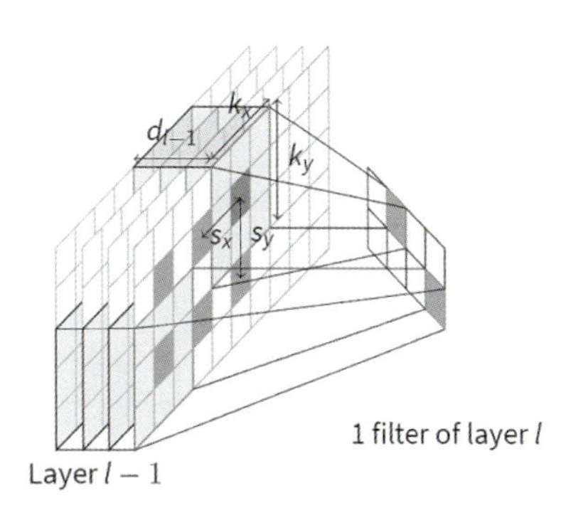

第２図

Easy-Deep-Learningの機能

Easy-Deep-Learningの初期設定として、各欠陥等のラベル毎の情報を有する参照画像をセットすることによって教育される。その結果、分類タブ認識されるように教育したレベル毎に各画像がどのラベルに属する確率であるか表示される（第３図）。

この作業時間は画像の量、教育するパソコン仕様により異なるがGPU搭載すると約233ms/画像の処理速度で教育が完了する。画像取集に時間を要したとしても、僅か一日足らずで生産ラインに導入された実例もある。生産ラインに導入するステップは至って簡単であり、手順に沿って作業を進めることにより特別なプログラミングの知識が無くても同一の性能を短期間で見出すことが可能である（第４図）。

さらに細かい分類を必要とする場合には、既に確立した分類タブに新たな画像を取り込むことにより、更なる細かな分類または意図した要求分類精度を向上することが可能である。また、教育した画像の分類を１画像だけでも手動で微調整することにより最

第３図

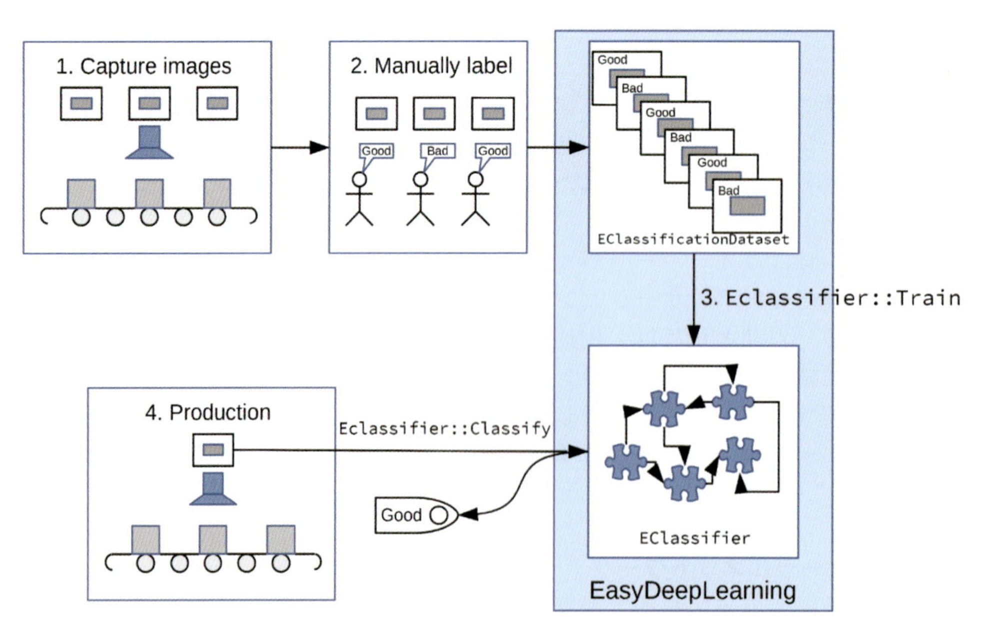

第４図

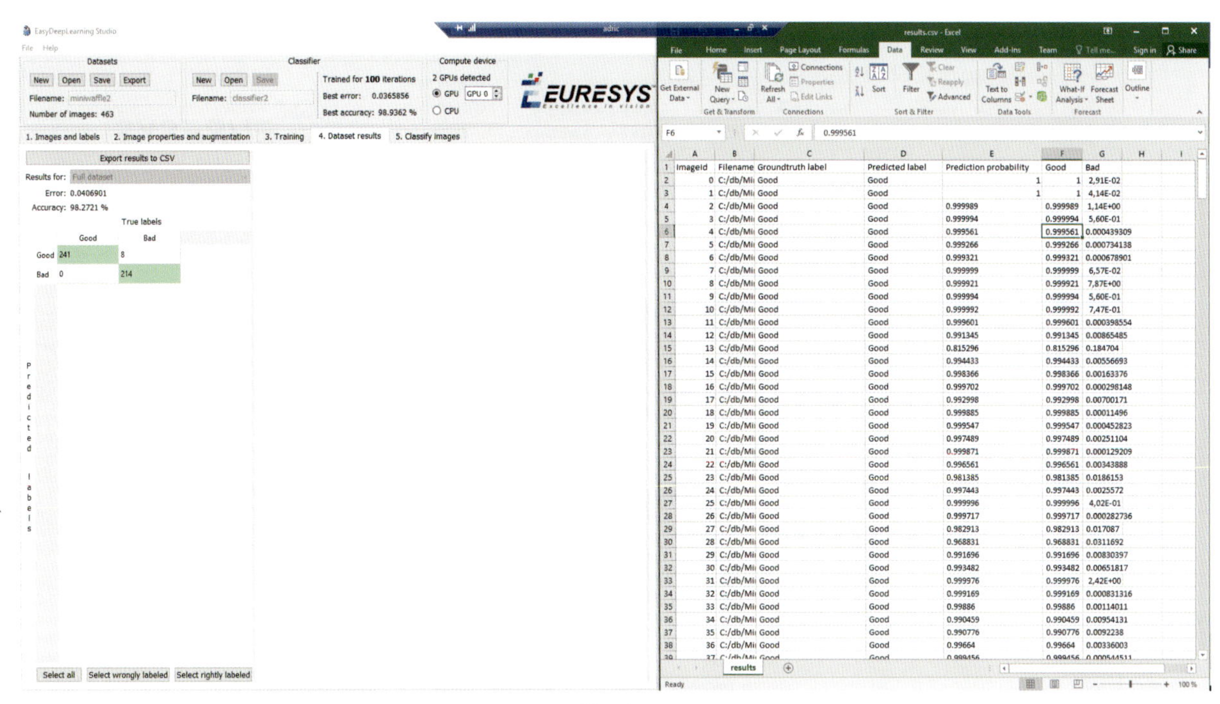

EasyDeepLearning Studio
Datasets
Classifier
Compute device
EURESYS
1. Images and labels
2. Image properties and augmentation
3. Training
4. Dataset results
5. Classify images
Export results to CSV
Error: 0.0406901
Accuracy: 98.2721 %
True labels
Good
Bad
Predicted labels
Select all
Select wrongly labeled
Select rightly labeled

第５図

適化に寄与させる機能あり、さまざまな用途に導入可能である柔軟性を備えている。その結果をCSVファイルに出力することにより、大掛かりな解析をせず生産ラインでの問題解決に適応できる（第５図）。

適切な教育を効率良くする

ディープラーニングは広い意味でのAIの領域に入ると言われるが万能ではない。間違った教育を如何に効率よく適合させることが出来るかがアプリケーションの良し悪しを決めると言っても過言ではない。Easy-Deep-Learningの機能として、どのような対称性と分類するべき事象が画像内にあるかを判別する機能を有する。一例として以下の機能がある。

- 回転、シフト、スケーリング、反転データを活用
- 対象物が異なる向きになる可能性を考慮：180°回転機能
- 対象物に傾斜がある場合を考慮：±10°の傾き調整機能
- 生産ラインで起こる照明等によりコントラスト変化調整機能

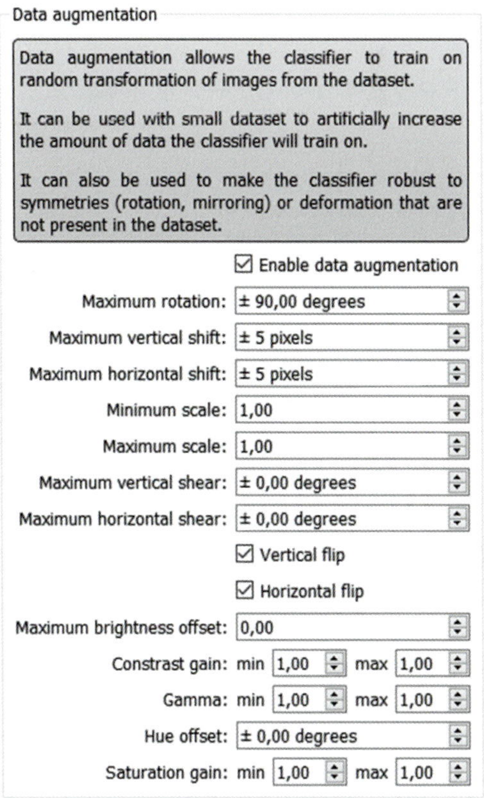

Data augmentation
Data augmentation allows the classifier to train on random transformation of images from the dataset.
It can be used with small dataset to artificially increase the amount of data the classifier will train on.
It can also be used to make the classifier robust to symmetries (rotation, mirroring) or deformation that are not present in the dataset.
Enable data augmentation
Maximum rotation: ± 90,00 degrees
Maximum vertical shift: ± 5 pixels
Maximum horizontal shift: ± 5 pixels
Minimum scale: 1,00
Maximum scale: 1,00
Maximum vertical shear: ± 0,00 degrees
Maximum horizontal shear: ± 0,00 degrees
Vertical flip
Horizontal flip
Maximum brightness offset: 0,00
Constrast gain: min 1,00 max 1,00
Gamma: min 1,00 max 1,00
Hue offset: ± 0,00 degrees
Saturation gain: min 1,00 max 1,00

第６図

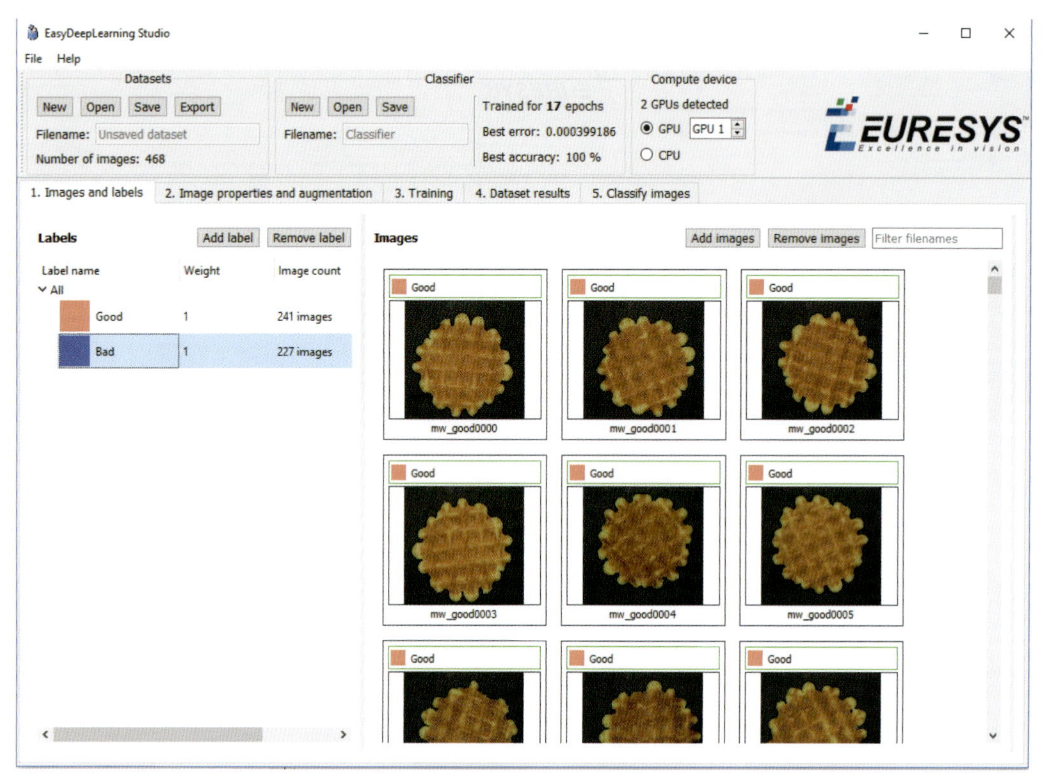

第7図

- ヒストグラムイコライゼーション機能

これらの機能はコンピューターより大きなデータセットが可能であり、かつ新しいデータ拡張方法（スキュー。コントラスト、輝度、色合い、彩度）の設定が可能である（第6図）。

加えて教育したラベルに重み付け機能によりアンバランスなデータセットの問題を解決することを実現。つまり画像数を増やすことを極力抑え、ラベルの重みに関する誤差を最小限に抑えるために教育を適応したオーバーサンプリングしている（第7図）。

おわりに

ディープラーニングは、マシンビジョン業界を筆頭に多くの業界に必要性を予感しながら試行錯誤で導入が試みられている。

当社は、使用用途によりさまざまな機能を提供しているが、全てを活用する必要は不要である。必要最低限の労力で最大の効果を見出すための手助けツールして、まずは必要機能を使ってみることが最初の一歩である。当社はそのコンセプトとして、実装前の評価を無償で提供している。

URL：https://www.euresys.com/Products/Machine-Vision-Software/Open-eVision-Studio/Open-eVision-Studio

現在取り組んでいる実画像を取り込むことにより、性能の事前検証を十分実施した後にライセンスを購入出来るのでリスクはゼロである。

【筆者紹介】

佐野　樹

Euresys Japan㈱
Sales Manager Japan
〒222-0033　横浜市港北区新横浜3-7-18 日総第18ビル
エキスパートオフィス新横浜605
TEL：045-594-7259
URL：http://www.euresys.com/

従来の概念を変えるディープラーニングを用いた画像解析ソフトウェア

SuaKIT – Image analysis software based on deep-learning method which changes our future radically.

SuaKIT

㈱エーディーエステック
石井 省伍

はじめに

近年、あらゆる分野でディープラーニングを使った手法に注目が集まっている。ディープラーニング・AIはPCのクラウド・ビッグデータ等環境の高性能化に伴い、急速に発展した。それらは個別の用途・応用に限定的に適用できるもので、汎用性を持つものではなかった。

しかし、この手法を用いてマシンビジョン用画像処理に汎用性を持たせ、コマーシャルベースに乗る製品としてリリースしたのが韓国に本社を置くSUALAB社である。SUALAB社はディープラーニング、マシンビジョン、スーパーコンピューティングの技術を基盤とし、人間の目にとって代わる様々なマシンビジョンシステムを研究、開発している。

SUALAB社がリリースしたSuaKIT（第１図）は、産業用の画像解析を目的とした、プログラムレスで手軽に画像検出、画像判断可能なディープラーニング・ベースのソフトウェアである。本稿では、SuaKITを構成する三つのツールについて、SuaKITの概要と新たに追加されたSuaKIT独自のサポート機能を解説、紹介する。

「SuaKIT」の解析手法

基本的に、必要な事は一定数の画像サンプルを読込み、学習データと評価データの分類分けを行う。特定の箇所を任意でラベル付けするのみである。SuaKIT はいかにして対象を検出するか、いかにして対象を分類するかといった検査基準を自力で学習す

SuaKITは、三つのツール
[セグメンテーション]
[クラシフィケーション]
[ディテクション]
により、構成される。

第１図　SuaKITのツール

ベースフェイズ		学習フェイズ		テスト/評価フェイズ	
画像読込	画像分類分け	ラベル付け	学習	学習評価	学習モデル出力

第２図　SuaKIT解析手法イメージ

る。なお、これを「学習フェーズ」と呼び、およそ1時間で完了する。「評価フェーズ」では、評価データに分けた検査したい未知のサンプルに対し、学習フェーズで作られた検査基準を基に検査を実行する。ユーザーはその結果で実用可能な検査基準か判断できる（第２図）。

SuaKIT は三つのツールにより構成され、セグメンテーション（特定部分の検出）クラシフィケーション（複数種の仕分け）ディテクション（物体の検出とカウント）から適切なツールを使用できる。以下に、詳しく紹介する。

「SuaKIT」を構成する３ツール

セグメンテーション（特定部分の検出）

セグメンテーションは例外や外観上の欠陥を検出するのに使用できる。例えば、食品の亀裂や破れ（第３図）、工具のNG箇所検査（第４図）などだ。セグメンテーションは、学習させたい箇所をペイントツールで塗りつぶし指定することで、その箇所を検出するよう学習を行う。その他、画像内の特定の領域を抽出することにも用いることができる（第５図）。セグメンテーションはこれら全ての対象をシンプルに外観の差異によって学習する。

クラシフィケーション（複数種の仕分け）

クラシフィケーションは対象を分類するのに使用できる。例えば、製品の仕分け（第６図）などだ。タグ付けされた画像の集団を基に学習し、クラス分けが可能である。それぞれのクラスに一致するようラベリングされた画像さえ用意すれば、クラシフィケーションで学習、分類させることが可能である。

ディテクション（物体の検出とカウント）

ディテクションは画像内の任意の物体を検出し、分類、個数カウントを行うことができる。例えばシャーレ内の薬剤の検出（第７図）が挙げられる。ボックスで囲った内部の物体を学習するため、特徴量を学習するセグメンテーションとは異なり、物体の形状を認識できる。

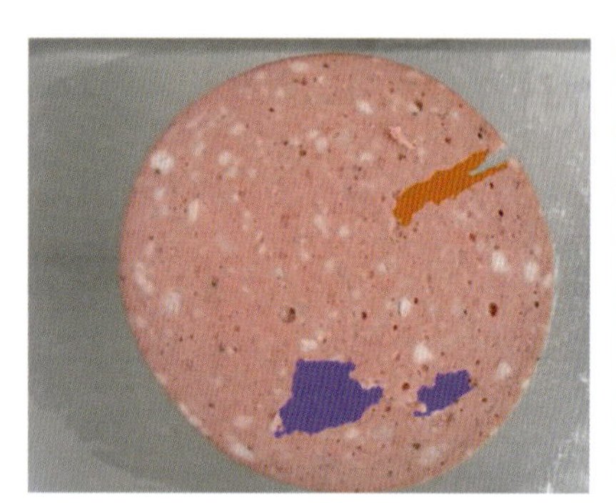

第３図（ハムの欠陥検出）

第４図（ドリルのNG箇所検出）

第５図（自動車のナンバープレート検出）

第６図（ハッシュドポテトの焼き加減の仕分け　青タグ：冷凍品　緑タグ：良品　赤タグ：焦げ）

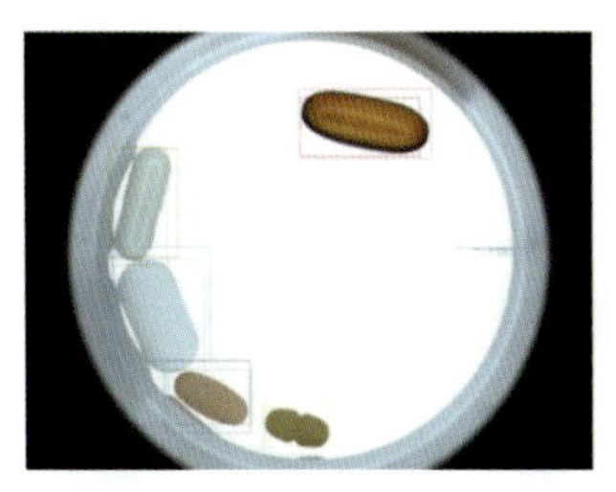
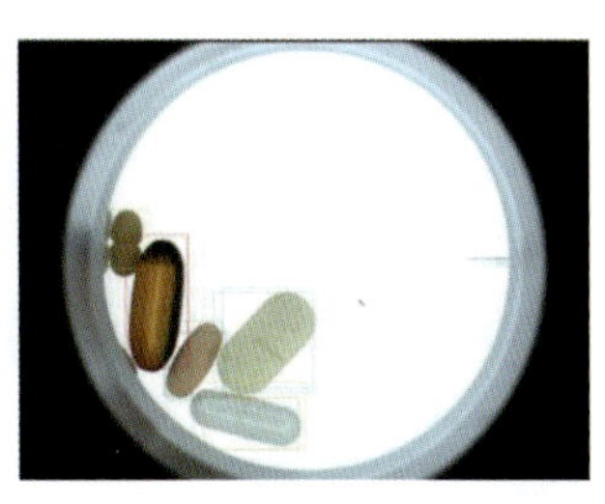

第７図　（錠剤の検出　シャーレ内の５種類の錠剤を種類ごとに検出している）

新たに追加されたサポート機能

ヴィジュアルデバッガー　（クラシフィケーションでサポート）

ディープラーニングのアルゴリズムによって分析、分類された領域を視覚化する技術である。この機能により、学習が使用者の意図に従って進んでいるかどうかを確認することができる（第８図）。

第８図　ヴィジュアルデバッガー

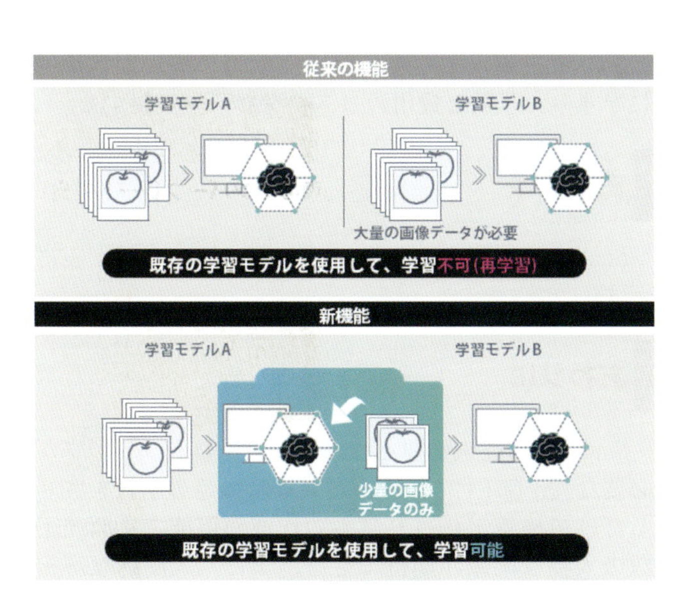

第９図　追加学習

追加学習　（クラシフィケーションでサポート）

既存の学習モデルを利用して、精度の安定化と類似画像のトレーニング時間とトレーニング画像枚数を最小限に抑えることが可能になった（第９図）。

ピクセルワイズラベリング　（クラシフィケーションでサポート）

クラシフィケーションのヒントとなる可能性がある領域に、直接ラベル付けし、精度を向上させる（第10図）。

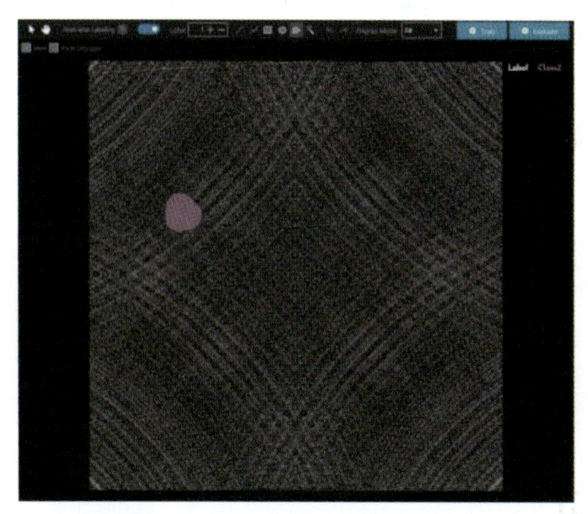

第10図　ピクセルワイズラベリング

ユーザーフレンドリーな操作画面（セグメンテーション）

STEP1：ドラッグ＆ドロップで簡単に画像をダウンロード（第11図）

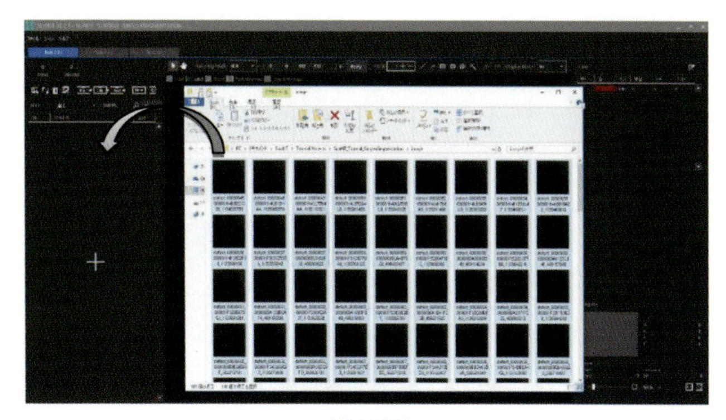

第11図

STEP2：NG箇所をラベリング（第12図）

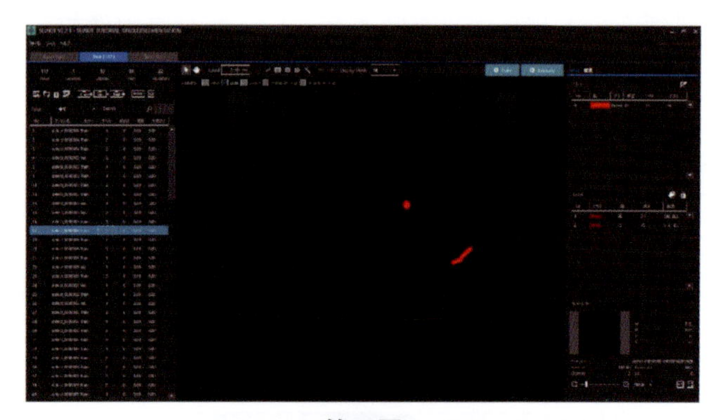

第12図

STEP3：パラメータを設定し、学習する（第13図）

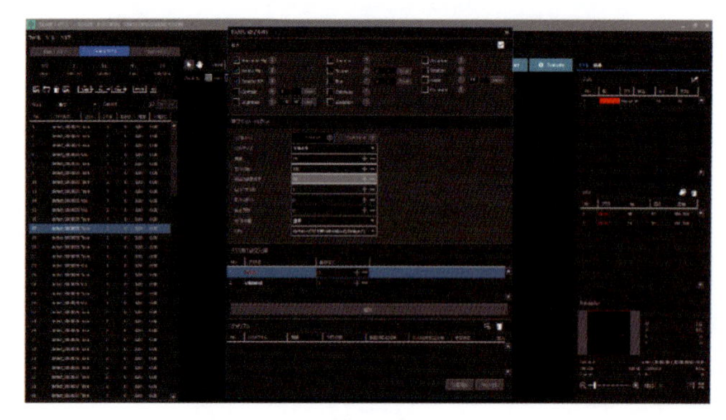

第13図

STEP4：学習結果を未知の画像を使用し、確認する（第14図）

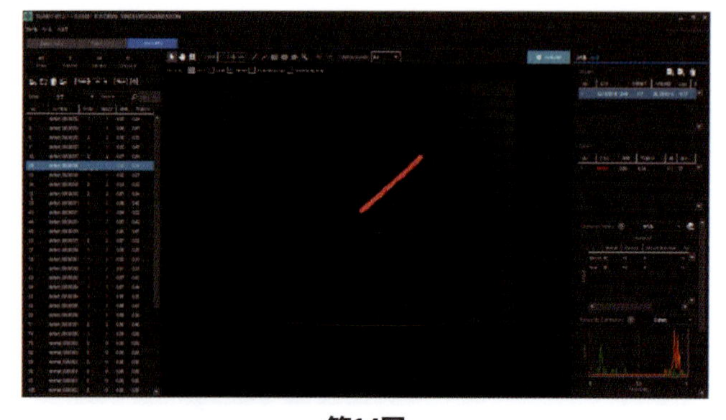

第14図

STEP5：学習結果は.netファイルとして出力される（第15図）

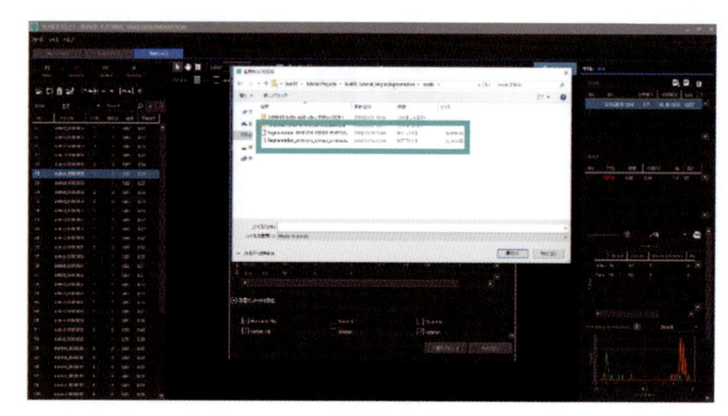

第15図

SuaKITの利点

高精度

様々な製造業の顧客と共同開発し、精度の高いアルゴリズムと手法を用いている。

高速

CUDAやcuDNNを使用し、高速でディープラーニングを処理する事で、従来の画像解析の様な速度で解析可能である。

ローコスト

SuaKITを導入する事で、画像検査の導入が飛躍的に早まり、工数と費用のコストダウンを実現する。

主な仕様

SuaKITを使用する際に必要なPCの仕様を第１表に示す。

おわりに

SuaKIT は従来必要とされていたプログラミングが必要なく、GUI上で欠陥あるいは特徴等の学習をさせるだけで検査アルゴリズムの作成が可能で、開発工数の大幅な削減が期待できる。また、人間的な解析手法を用いている為、目視検査に頼らざるを得なか

第1表　PCの仕様

	要求仕様	推奨仕様
O/S	Windows 7 64bit / Windows 10 64bit / Windows 2012 R2 / Windows Embedded 7 * 32bitOSはサポートしておりません。 Linux Support Developer Kit : N/A Runtime Kit : Ubuntu Only	
CPU	Intel® Core™ i3以上	Intel® Core™ i5以上
RAM	16GB (8GB以上の空きメモリー)	32GB以上
GPU	NVIDIA® GeForce® GTX980	NVIDIA® GeForce® GTX 1080Ti 以上
	Visual studio 2010	Visual studio 2015
解像度	Full HD(1920×1080)以上 *デベロッパーキットに対してのみ適用	
	8GB以上の空き容量(SSD推奨)	
メディア	インストールディスク(USB)及びデジタルダウンロード	
ライセンス	ドングルキーが差されているPCのみ使用可能	

った検査の自動化が可能となった。ディープラーニングは、通常ビックデータを用いた学習が必要だが、SuaKIT は特徴抽出をするエリアを指定するため、通常のサンプル数に比較して数千から数万分の一で学習が終了する。

SuaKITで作成したアルゴリズムを用いるソフトウェアはGPU上で動作し、速度はGPU性能に大きく依存する。しかし、今後PCの性能の向上により、演算速度や交信速度は更に高速化され、SuaKIT を使用する環境は改善すると思われる。また、高性能FPGA 、メモリー搭載など、カメラのスマート化も加速している。SuaKITによるAPI が搭載されたカメラが可能になると思われ、今後、組み込み用途への需要が拡大するものと期待している。

【筆者紹介】

石井 省伍
㈱エーディーエステック
イメージング部

AI1904-02

ディープラーニングによる工業製品を対象とするAI外観検査システム

Visual Inspection system for Industrial products by Deep Learning

外観検査のノウハウがAIでついに実現した「RisingStar-AI」

三友工業(株)
今田 宗利・福原 良雄・木村 彰吾・大濱 遼太

はじめに

人手による検査といえば中小規模の製造業を思い浮かべる方が多いが、検査については大企業においても意外に自動化が進んでおらず、現状、目視に頼る工程が存在する。

生産に比べ検査の自動化が遅れている一方、検査員の高齢化や人手不足が深刻な問題となっており、検査の自動化による省人化が達成できれば、検査員を他の業務に回すか、他の業務を兼務させたい要望が多い。検査の自動化の有効な手段として画像処理が一般的であるが、必ずしも目視と一致せず、パラメータ調整やロジックの追加修正が欠かせず、目視による外観検査のすべてを置き換えるに至っていない。

こういった中で、人が目視で確認した良否画像を与えるだけで、学習し設計できるディープラーニング（深層学習）による外観検査は人間の感覚に近いため、目視検査向きと言われている。

本稿では、画像検査の課題に対する対策として実用化したディープラーニングによるAI外観検査システム「RisingStar-AI」を紹介する。

AI外観検査システム「RisingStar-AI」の概要

ディープラーニングは、既存の画像処理手法と比較した場合、「検査ロジックの生成とパラメータ調整の自動化」というメリットが挙げられる。

ディープラーニングによる外観検査では、以下の手順で設計を行う。

①原画像収集

原画像は、特徴抽出するパラメータを自動生成する学習フェーズ用と最適な特徴抽出するパラメータを選別するテストフェーズ用に必要なため、収集する必要がある。

②原画像のパッチ化（細分化）と定義付け

RisingStar-AIでは欠陥位置の検出、解析の容易さ、多様な画像生成の容易さ等の理由から、画像を細分化するパッチ化手法を採用している。

③特徴パラメータの自動設計

パッチ画像を対象に「学習→テスト」を実行することで、検査用に特徴抽出するパラメータを自動設計する。

④検査実行

自動設計した検査用特徴パラメータによるOK／NGを判定する。

AI外観検査システム「RisingStar-AI」の構成（第１図）

ハードウェアは、パソコンを基本として、AI検査の高速化のためNVIDIAのGPUボードを採用し、学習時間等の短縮のためデータ保存用にSSDを採用する構成である。

第１図　RisingStar-AIのシステム構成

AI外観検査システム「RisingStar-AI」のソフトウェア構成（第１図）

システムソフト部

- OSはWindows10 Pro 64bitを基本とする。
- 画像処理はAI検査の前処理やパッチ画像作成時のデータオーギュメンテーション（画像の水増し）を高速に行っている※1)。
- GPUライブラリとしてNVIDIA CUDAを使用することによりAI処理を高速実行する※2)。
- 「Caffe（カフェ）」をディープラーニングのフレームワークとして使用することにより、C++言語ベースで学習及びAI検査を高速に実行する。
- 「Caffe」を採用する理由は、次の通りである。

①画像認識に特化している。
②オープンフレームでは最速といわれており、高速処理が可能である。
③オープンフレームのディープラーニングライブラリである。
④Windows環境で使用できる。

アプリケーションソフト部

ツールシステム

原画像収集、及び学習時に必要となるパッチ画像作成を支援する機能を提供する。

また、データオーギュメンテーションによる正常画像や欠陥画像の自動水増し機能や、作成されたパッチ画像の統計情報を表示する機能等がある。

学習＆テストシステム

ツールシステムで作成されたパッチ画像を学習してディープラーニング用の分類パラメータを自動作成する。

この分類パラメータを用いてテスト用パッチ画像での正解率や過学習※3)を見える化し、学習とテストにより検査用パラメータを自動設計できる機能を提

※1）画像の水増しの際に指定できるパラメータとして、回転／微小移動（シフト）／コントラスト変換／ガンマ変換／拡大を用意している。
※2）AIでの学習、検査の際には行列演算処理を並列かつ高速に実行できるGPUとそのGPUを使用するためのGPUライブラリ（CUDA）が必要となる。
※3）過学習（over-fi tting）とは、訓練データに対して学習されているが、未知データ（テストデータ）に対しては適合できていない、汎化できていない状態を指す。

供する。

検査システム

「学習＆テストシステム」で自動作成された検査用分類パラメータにより、実際のラインに流れてくる対象ワークに対してディープラーニングによる外観検査をインラインで実行し、結果出力やログを保存する機能である。

また、オフラインでインライン検査の判定結果を確認する機能や誤判定に対し追加学習を簡単な操作で実行する機能も有している。

AI外観検査システム「RisingStar-AI」の特徴

①クラウドアクセス等のネット環境が不要なスタンドアロンタイプのため、導入が容易である。

②プログラムレスなため、ソフトウェアの専門知識がなくても検査ロジックの設計が可能である。

③高い外観検査能力を持つ。

実稼動の検査装置よりも高い精度能力を実証している（第２図参照）。

④「瞬速」検査が可能である。

- 最速のディープラーニング「Caff e」を利用し、独自の高速化を実施している。
- 検査装置の約６倍（450ms→80ms）を実現している（注：画像前処理でワークを予め抽出）。

⑤欠陥位置がリアルタイムで確認できる（標準機能、第３図参照）。

検査結果と同時に欠陥位置を表示するため、瞬時にNGの解析ができる。

⑥少ない欠陥でもツールシステムで欠陥の水増しが可能である。

ディープラーニングの検査精度には画像の多様化が欠かせない。

- 変形／加工／印加による欠陥画像の人工作成が可能である。
- 回転、ずらし、輝度変化等による水増しが可能である（データオーギュメンテーション手法）。

⑦多彩な「見える化」ツールによりAIの完成度が一目でわかり効率的である（第４図参照）。

⑧課題対策を追加しても検査時間が延びない。

画像処理では課題に対し検査ロジックを追加すると検査時間が延びるが、ディープラーニングに

	弊社納入検査装置
対象製品A	正解率 97.79%（222/227） OK品 118/123枚（5枚過検出） NG品 104/104枚
対象製品B	正解率 60.00%（150/250） OK品 100/200枚（100枚過検出） NG品 50/50枚

＜

	AI評価結果
対象製品A	正解率 99.56%（226/227） OK品 122/123枚（1枚過検出） NG品 104/104枚
対象製品B	正解率 96.80%（242/250） OK品 192/200枚（8枚過検出） NG品 50/50枚

第２図　実稼動検査装置との精度比較

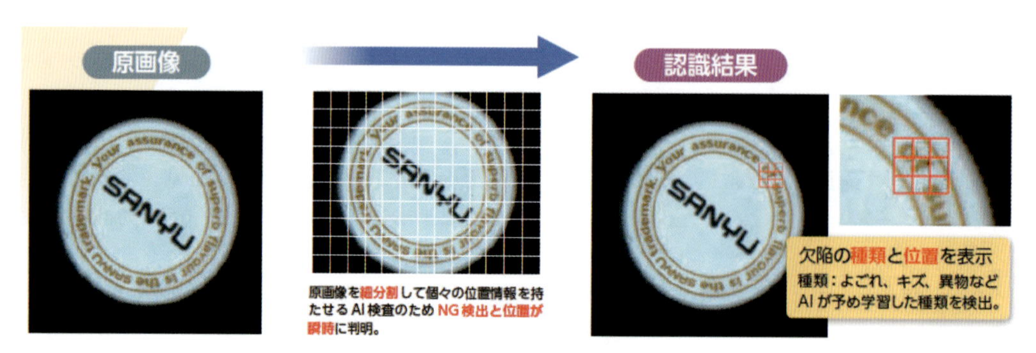

第３図　検査位置が即わかる

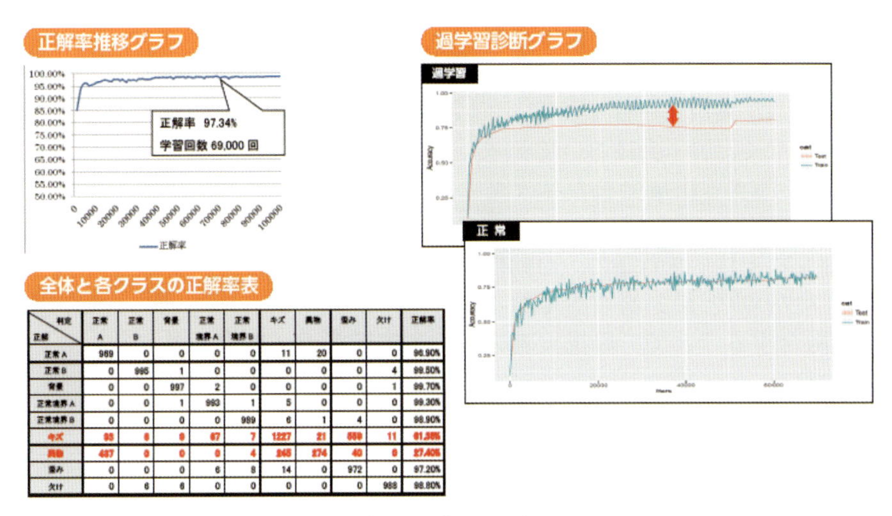

正解＼判定	正常A	正常B	背景	正常境界A	正常境界B	キズ	異物	歪み	欠け	正解率
正常A	969	0	0	0	0	11	20	0	0	96.90%
正常B	0	995	1	0	0	0	0	0	4	99.50%
背景	0	0	997	2	0	0	0	0	1	99.70%
正常境界A	0	0	1	993	1	5	0	0	0	99.30%
正常境界B	0	0	0	0	989	6	1	4	0	98.90%
キズ	93	6	9	67	7	1227	21	559	11	61.35%
異物	437	0	0	0	4	245	274	40	0	27.40%
歪み	0	0	0	6	8	14	0	972	0	97.20%
欠け	0	6	6	0	0	0	0	0	988	98.80%

第４図　多彩な「見える化」ツール

第５図　製造現場のAI外観検査

よる検査では課題画像の追加学習によりパラメータが最適化されるため、延びることはない。

ユーザーの導入メリット

①画像メーカに頼らず、製造現場で改善・改良が可能である（第５図参照）。
画像処理の自動化では、問題が発生すると画像メーカがパラメータ調整や検査ロジックの修正を行ってきた。ディープラーニングによる外観検査では、画像だけで自動設計が可能であるため、製造現場で改善・改良ができる。

②自動設計のプログラムレスのため、低価格で提供できる。
検査ロジックの設計には画像処理やプログラミングに高度な専門技術者が必要であるが、ディープラーニングによる外観検査では自動設計のプログラムレスのため増員が容易になる。

③画像検査装置メーカだから寸法計測等の画像処理の追加が可能である。
ディープラーニングによる外観検査では、良否判定や欠陥種類の分類は得意だが、寸法などの計測は苦手であるのに対し、画像検査装置メーカだから検査範囲特定する前処理や寸法計測などの後処理の追加が可能である。

以上のことから、自動化工程の「検査の目」として現場検査員が簡単に扱えることで、検査の自動化が加速すると考える。

おわりに

昨今、「日本品質」で表される日本のものづくりが誇る高い品質が、揺らぎ始めている。これは、検査員の高齢化や人手不足と無縁とは言い難く、製品品質に関する最後の砦である検査工程の自動化の需要が高まっている。一方で、近年、あらゆる分野にディープラーニングが応用され、実用化されている。

製造業においても例外でなく、展示会においてディープラーニングをAIとしてPRする出展会社が年々増える傾向にある。

当社では、製造業の盛んな土地柄を背景に、自動検査について培ってきたノウハウと最先端技術であるディープラーニングを融合することで、目視検査の自動化を大きく進めたい。

【筆者紹介】

今田 宗利・福原 良雄
三友工業㈱　技術部　部長付

木村 彰吾・大濱　遼太
三友工業㈱　技術部　設計三課

ディープラーニングを使用した主観的な品質検査の効率の向上

Improve efficiency of subjective quality inspection using deep learning

FLIR Integrated Imaging Solutions Japan ㈱
Mike Fussell

はじめに

従来の規則ベースのソフトウェア技術を使用した場合、主観的な基準に基づいた対象物の検査は非常に困難となる可能性がある。一見すると単純な問題でもシステムデザイナーには複雑なフィルターセットの作成が必要となることがあり、新しい種類の欠陥が特定される、または新しい製品がラインに追加される際に、それに対応するのは困難である場合がある。ディープラーニングおよび推論により、システムデザイナーに画像の内容に基づいてそれらをソートする方法を提供する。これは画像分類と呼ばれ、複雑な主観的な検査タスクで素早くソリューションを開発するのに理想的である。

ディープラーニングおよび推論

ディープラーニングに基づく用途を開発する際は、ディープラーニングと推論との違いを理解することが重要である。ディープラーニングとは、大きなトレーニングデータセットを使用したディープニューラルネットワークのトレーニングを意味する。ネットワークがトレーニングされたならば、それを使用して新しいデータでの予測を作成することは推論と呼ばれている。

ディープニューラルネットワークのトレーニングは、コンピューター的に手間がかかる反復プロセスである。問題の複雑性、およびトレーニングデータセットのサイズに基づいて、強力なGPUまたはAmazon AWSなどのクラウドコンピューティングサービスが必要となる場合がある。ネットワークがトレーニングされたならば、それはコンパクトに素早く実行され、近日発売されるIntel® Movidius™ Myriad™ 2搭載のFLIR® Firefly™のような効率的な推論カメラを駆動するように最適化することができる。

システムデザイン

推論は、高度に可変な条件で正確な結果を提供できる。しかし、検査される対象物を含む場面での変動性が大きくなると、必要となるニューラルネットワークはより複雑になる。より複雑なネットワークは、より強力でより高価なコンピューティングハードウェアが必要になり、またより長い推論時間が必要になり、システムのスループットが制限される。

不要な変動を最小にするようにシステムデザインを最適化することで、必要なトレーニングデータの量を削減して、用途の開発を加速することができる。それにより、強力ではないハードウェアでさえも、システムのパフォーマンスを改善することもできる。容易に除去できる変動のソースには、対象物の位置と照明における変化が含まれる。標準のマシンビジョンでのように、うまく設計された照明と光学系によって重要な特徴を目立たせることができる一方で、影やギラツキなどの不要な特徴を除去する。経験豊富なビジョンシステムデザイナーの照明と光学の知識は、ディープラーニングの経験はあるかもしれないが、マシンビジョンになじみがない新しい会社に対する優位性を提供する。

ビジョンシステムデザイナーは、特定したい欠陥

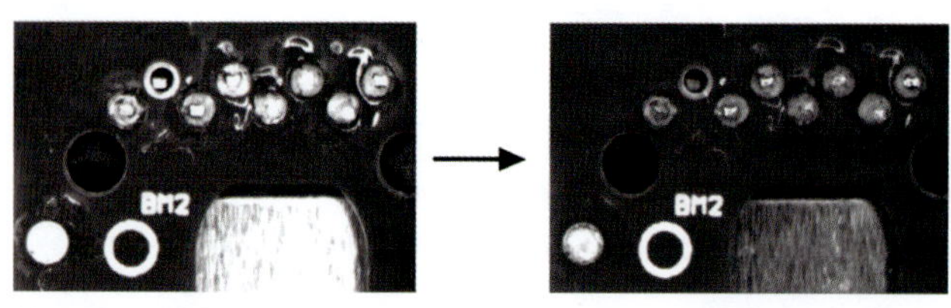

第１図　偏光フィルターを用いることで、不要な反射を取り除くことができる。結果として得られる画像により、より早いトレーニングとより多くの推論結果を可能にする。

のサイズを考慮して、それらがニューラルネットワークによって検出されるのに十分大きいことを確認する必要がある。ディープニューラルネットワークへの入力として使用される画像の解像度は、カメラが捕捉する画像の最大解像度よりも一般にかなり低い解像度となる。MobileNetでは、最大入力画像サイズは224×224ピクセルである。このダウンサンプリングにより、イメージセンサーと比較してネットワークの空間解像度を減少させ、検出できる形状の最小サイズを制限する。非常に小さい形状の検出には、従来のビジョンシステムで必要なものより長い焦点距離のレンズが必要となる。

トレーニングデータ

良好なトレーニングデータセットの構築は、推論ベースの検査システムの開発における重要なステップである。必要なトレーニングデータの量は、用途の複雑性および必要な精度に依存する。高精度のネットワークをトレーニングするには、高品質の画像が正確なラベルと関連付けられる必要がある。

「必要なトレーニングデータの量はどのくらいか？」という問いに対する簡単な答えはない。差異が大きな対象物には、受容可能および受容不可の十分な変動の例を含めるように構築するには、より多くのトレーニングデータが必要となる。必要な対象物のクラスが多くなるほど、十分な各クラスの例を含めるためにより多くのトレーニングデータが必要になる。必要なトレーニングデータセットのサイズを推定するための最良な方法は、サンプルデータセットを構築してそれをテストすることである。

トレーニングデータの量とネットワークの精度との関係は、リニアではない。所定のトレーニングデータセットのサイズでの増加の精度での利得は次第に低下し、追加される追加のトレーニングデータの量に関わらず、最大精度を制限するTensorFlowのユーザーは、TensorBoardツールを使用してネットワークトレーニングの進捗を監視することができる。

データ拡大は、変換を適用してトレーニングデータセットを拡張し、異なる位置と方向でバリアントを作成するために使用できる。デーアセットは、人工的に生成した「合成データ」の使用によって拡張することもできるが、実際での例が常に望ましく、それはより高い精度の推論をもたらす。トレーニングデータを収集して増加させるためのベストプラクティスについてのより詳細な情報は、FLIRより入手可能である（www.flir.com/firefly）。

精度と速度をバランスさせる

100％の精度を達成することは可能ではないと思われるため、お客様の用途で必要な精度のレベルを理解することが重要である。果物や野菜の等級付けのような用途は、精度の低減と引き換えに速度の増大を得るために準備できる一方で、生検のスクリーニングでの異常検出でフェールセーフとして推論を使用するシステムでは速度よりも精度を優先する場合がある。いくつかの状況では、速度が精度の低下を補うことができる場合がある。推論時間が十分に早い場合、対象物の複数の画像を捕捉して、欠陥を認識できる可能性を増大させることが可能な場合がある。

主観的な検査タスクの精度を評価することは、常に明確なものではない。主観的なタスクでは、エラーはエッジケースにおいて最も起こりやすくなる。二つ以上のクラスの特徴を共有した画像でどのクラスが最も適しているかについて、人間の検査員にはある程度の不確実さがある。

ネットワークの最適化と展開

トレーニングされたニューラルネットワークを現場に展開する前に、最適化ステップによりネットワークのサイズと複雑性を低減して、精度のわずかな低下でのコストで効率を向上させることができる。

最適化によりネットワークのサイズを低減させますが、ネットワークのノード間の接続を定義する係数の精度も低下させる。ノードおよび全レイヤーも、複雑性を低減するために削除される場合もある。最適化ステップの目標は、できる限りネットワークのサイズを低減させる一方で、最小限必要な精度も達成することである。より小さなネットワークにより実行がより早くなり、最適化されていないネットワークと比較して同じハードウェアでより高いスループットが可能になる。

異なるプラットフォームでは、異なるネットワークフォーマットが必要な場合がある。Open Nueral Network Exchange（ONNX）フォーマットは、ネットワークを一つのフレームワークから別のフレームワークに変換して、TensorFlowまたはChainerを使用して開発されたネットワークを近日発売されるFLIR Firefly推論カメラによって使用されるMovidiusグラフのフォーマットに素早く変換できるようにする。

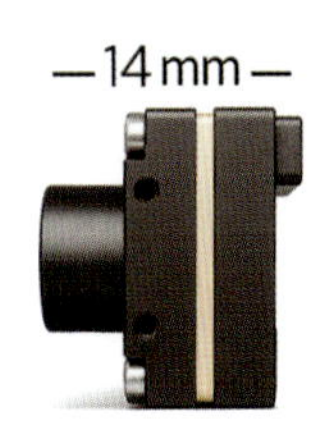

第２図　強力で高価なGPUでトレーニングされた１つの最適化されたネットワークは、コンパクトであるが高価ではないFLIR Firefly推論カメラに展開することができる。

人間との比較

推論により、以前は不可能であったいくつかの検査タスクの自動化を可能にする。また、自動化検査に伴う通常のメリットは、同じモデルを実行する各検査ステーションを持つことで達成されたより高い一貫性であり、それによりプロセスのドリフトの検出をより早くできるようにする。一人の人間の品質保証検査員ともう一人の検査員の検査基準での差異を除去することで、傾向ははるかに容易に特定されます。より早い検出により、是正措置をより早く取ることが可能になる。

ネットワーク効率の継続的改善

低い信頼性の予測を生成した画像を選択して、それらをトレーニングデータセットに追加することで、ネットワークのパフォーマンスは時間とともに改善できる。FLIR Fireflyカメラは、分類結果とそれに関連付けられた信頼区間の両方をGenICamメタデータとして送信し、このプロセスの自動化を容易にする。それらの精度を確保するには、これらの画像のラベリングをまだ手動で行う必要がある。

おわりに

主観的な検査タスクの推論の適用は、人間または従来の規則ベースのアプローチによる検査と比較して、速度と精度での大きな改善をもたらすことを約束する。照明、対象物の取り扱い、および光学系のベストプラクティスに従ったシステムの丁寧な設計により、展開されたネットワークの精度と速度を大きく改善し、また開発をスピードアップする一方で、必要なニューラルネットワークの複雑性を低減してトレーニングデータセットのサイズを最小にすることができる。

【筆者紹介】
Mike Fussell
FLIR Integrated Imaging Solutions Japan㈱
プロダクトマーケティングマネージャー
TEL：03-5204-2338
E-mail：mv-japansales@flir.com
http://www.flir.com/mv

AI1904-01

オールインワンのDeep Learning 画像処理ソフトウェア開発ツール

All-in-one Deep Learning image processing software development tool

Adaptive Vision Studio　Deep Learning Add-on

㈱マイクロ・テクニカ
塚越 有揮

はじめに

少子高齢化を背景とした人手不足が問題となり、その解決策としての検査・監視の自動化への期待は日々高まっている。特に、従来の画像処理での困難を解決するディープラーニングの利用は適用範囲が広く注目を集めているが、システム化する上では、カメラを接続し、ディープラーニングと従来処理を自由に組み合わせた上でGUIまで作成する必要がある。それゆえ、開発者にとっては実際に稼働するシステムを圧倒的短時間で作成できるオールインワンのツールが理想である。

画像処理ソフトウェア開発ツールAdaptive Vision（第１図）はこのような要求に応える。カメラ制御／ディープラーニング／従来アルゴリズム／GUIをもつ画像処理システムの開発・支援を行う機能をオールインワンで提供する。

第１図　Adaptive Vision

本稿では、Adaptive Visionの提供する各種機能とその活用例について紹介する。

Adaptive Visionの概要

Adaptive Visionの最大の特徴は、直感的なマウス操作のみで各種検査・計測に使用できるソフトウェアシステムの製作を行える点にある。プログラム言語スキルを全く必要としないため、評価・開発期間の大幅な短縮が可能だ。

マウスに操作によるプログラミング

画像処理に必要な個々の機能がソフトウェアモジュールとして用意されている（Adaptive Visionの用語でフィルターと呼ばれる。）ので、必要なものをマウスのドラッグ＆ドロップで並べる操作でプログラムが作成できる（第２図）。これらのプログラムは一部だけも動かせることが可能な上、途中処理結果を含め随時表示させることができ、使ったフィルター

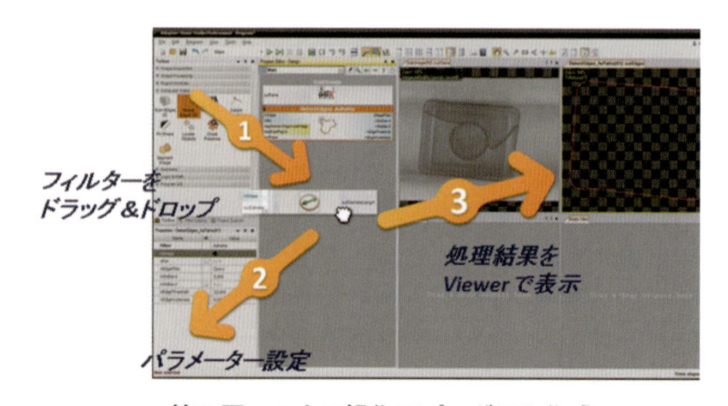

第２図　マウス操作でプログラム作成

の効果を即座に目視確認することができるので開発期間の大幅な短縮が可能だ。勿論、パラメータ設定も、マウス／キーボードの両方で行えるように設計されている。

パワフルな機能

Adaptive Visionでは、1,000以上のプログラム用のパーツ(フィルター)が用意されている。カメラ接続用のインターフェース・画像処理・画像解析・判定・計測・各種I/O等のソフトウェア開発に必要なパーツがそろっている。これらを組み合わせることで、画像処理ソフトを作成することができる（第３図)。このフィルターは並列化され既存のソフトウェアライブラリと比べても十分高速である(当社調べ)。また、独自のフィルターに加え、OpenCVの機能もフィルター化されて利用できる。

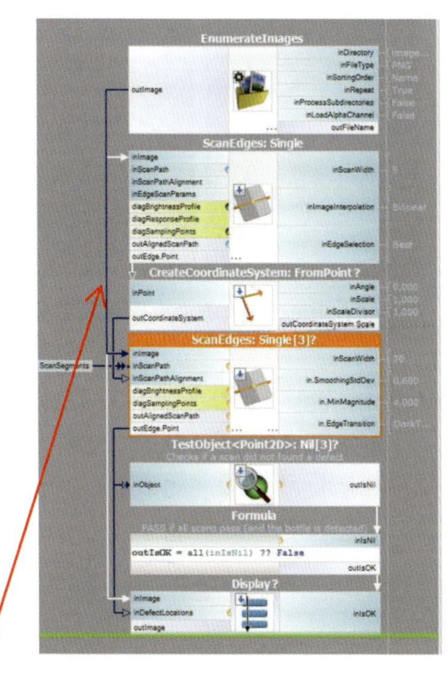

各パーツをマウスで繋いで接続していく。

第3図　作成したプログラム

GUI作成機能

現場で使用する画像処理ソフトウェアには、それを扱うための操作画面(GUI)が必要になる。

Adaptive Visionには、そういった画面をマウス操作で手軽に作成できる機能が用意されている。画面表示や文字の記載に加え、ダイヤル・スライダー・インジケーター・スイッチなどのパーツが用意され、それらの大きさを調整しながら配置するだけで簡単に操作画面を作成できる（第４図)。

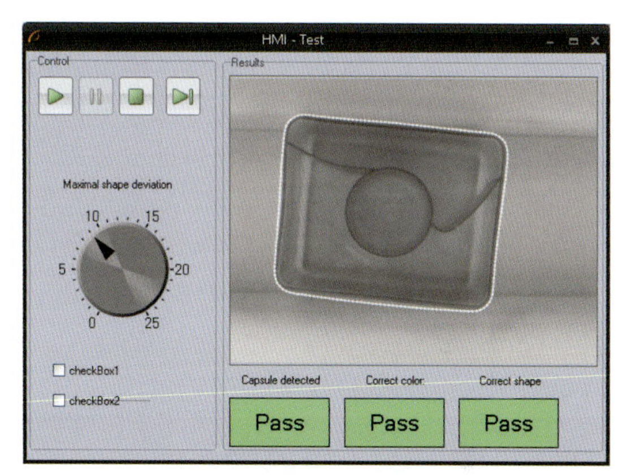

第４図　マウス操作で作成した操作画面（GUI）の例

インポート・エクスポート

Adaptive Visionの応用的な使用方法として、ユーザーが独自にC++で作成したライブラリをAdaptive Vision内にインポートしてフィルターとして自由に使用することができる。また、逆にAdaptive Visionを使用してマウス操作で作成したプログラムをC++の形式でエクスポートすることも可能だ。これによって、Visual Studioを利用した従来アプリケーションに機能を取り込むことや、Windows-Linux でのシームレスな利用が可能である。

外部機器との通信

TCP/IP、シリアル通信のフィルターが用意されているので、照明やその他の外部機器との通信も構築できる。また、代理店である当社が三菱電機製PLCとの通信用フィルターを用意しているので、PLCと接続もできる。

Deep Learning Add-onの機能

Deep Learning Add-onはAdaptive Visionのディープラーニング機能である。アップデートによる機能追加を経て、現時点では5種の機能を有している。これらと従来処理は自由に組み合わせることができるので、ディープラーニング同士や、特定領域への適用による高速化など､使い方は自由自在である。また、画像のアノテーション作業が楽になるように専用のエディターも用意されている。

Detect Anomalies（ディテクト・アノーマリズ）

多数の画像をOK又はNGのタグをつけ学習させることで、AIがOKとNGを区別できるようにする機能。不良個所を明確に定義せずに学習が可能なので、一般的な良品/不良品検査や複雑なワークにおいて変化の度合いが許容範囲を逸脱していないかの検査に適している。例としては弁当の中の乱れの検出（第５図）が挙げられる。

第５図　Detecte Anomaliesによる弁当の乱れ検出

Detect Features（ディテクト・フィーチャーズ）

特徴領域を指定することでAIに学習させ、その領域と類似したものを検出する機能。ユーザー基準の特徴を覚えさせることができ、一度覚えさせれば検出のための細かなパラメータ調整の必要がない。例えば、ワーク表面の傷などを学習させれば、類似した傷の検出が可能になる（第６図）。領域の大小や信頼度などの数字も得られる。

第６図　Detect Featuresによる傷検出（下の赤が検出部）

Classify object（クラシファイ・オブジェクト）

検査対象の画像中の特定領域（画像全体でもよい）を、学習に基づいて種類ごとに分類（クラス分け）する機能。品種の判別や、雑多なワークのジャンル分けなどに適している。ナッツのような一つ一つの形が不揃いな自然物であっても、学習次第で分類が可能だ（第７図）。

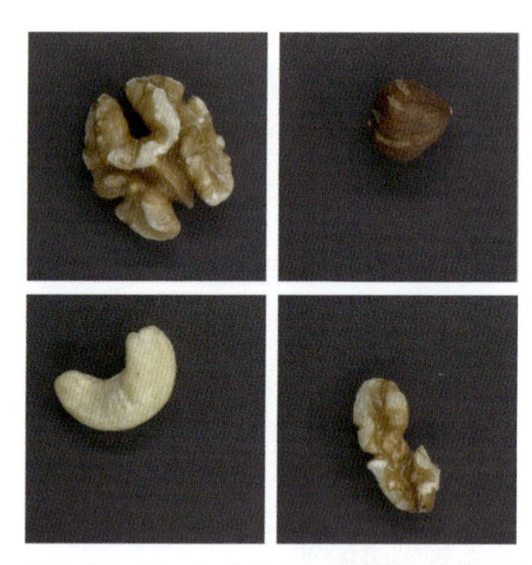

第７図　Classify objectによるナッツとして分類されたもの

Segment Instances（セグメント・インスタンス）

品種ごとに学習を行い、対象物の領域の検出と品種判別を同時に行う機能。領域と品種の両方を同時

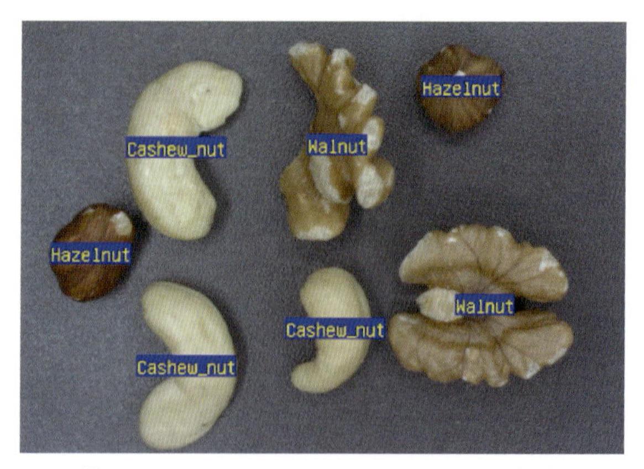

第８図　Segment Instancesによる品種判別

に判定するので、画像内で何が・どこにあるかの検出を行うことができる。1枚の画像の中にいくつかのナッツがある画像に対して、Segment Instancesによる検出を行うと、画像内にある各ナッツの領域と、その領域ごとの種類判別の結果が出力される（第8図）。

Locate Points（ロケ―ト・ポイント）

領域ではなく、対象物のある特徴点を学習させることで、対象物の位置や形状が不安定であってもその特徴点を検出する機能。姿勢の変わる箱から頂点を検出する、形状の不安定なパスタ玉の中心を検出するなど、変化のある対象から指定した特徴点を検出することができる（第9図）。点を一定数指定するだけなので、学習が非常に容易である。

使用例の一つとして蜂の検出がある。1枚の画像に多数の蜂の個体が映っている画像において、蜂を学習し画像に写っているすべての蜂を検出する。蜂の胴体の真ん中を特徴点として学習を行った（第10図）。

第９図　Locate Pointsによる特徴点の検出

第10図　Locate Pointsによる蜂の検出

Deep Learningの活用例

ロボットピッキング

雑多なワーク、かつ極端に薄いワークが混じったバラ積みピッキングは非常に難易度が高い。特に、似通った高さの箱ワークが密接して並んでいる場合や、フィルム製品のパッケージなどの薄いワークが重なっている場合などは、３Dカメラで取得した3次元情報のみで個々のワークを認識することは困難な課題である。

当社で開発したデモシステムでは、Adaptive Visionのディープラーニング機能を使用して２D画像からワークの位置を検出し（Locate Points）、３Dカメラで取得した3次元情報と組み合わせてピッキングポイントの算出を行う。これにより、従来困難であった薄いワークのバラ積みに対しても、ピッキングが可能となる（第11・12図）。

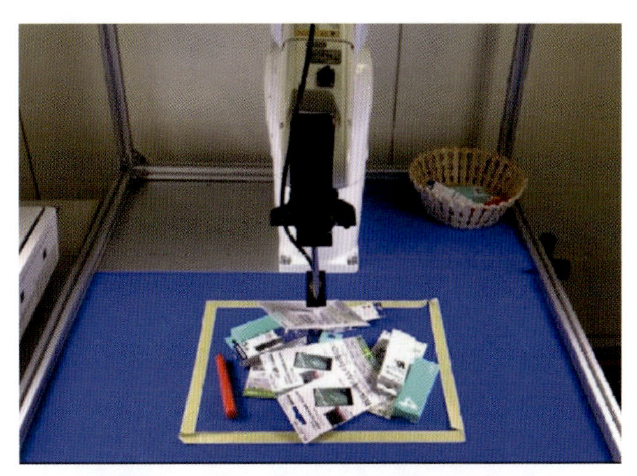

第11図　重なった薄いワークのピッキング

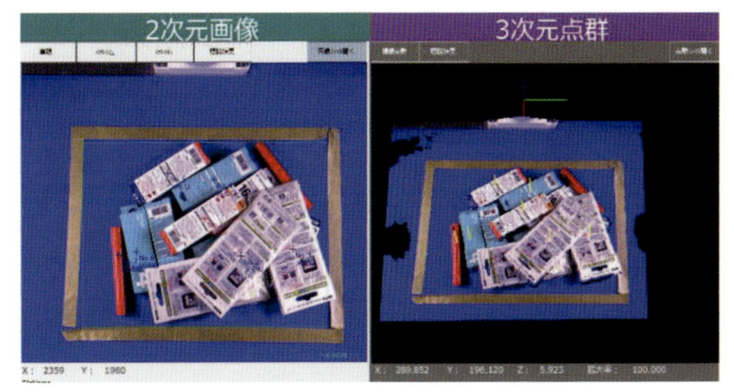

第12図　ディープラーニングと３D情報の組み合わせでワークを認識

また、別のアプローチとしてディープラーニングによる品種判別を行う方法がある（Segment Instances）。様々種類の野菜をピッキングする際に品種判別を行えば、ピッキングするワークごとの品種を確認できる。領域情報を使えば、指定した品種の重心をピッキングするといったシステムも可能になる（第13・14図）。

第13図　野菜サンプルのピッキング

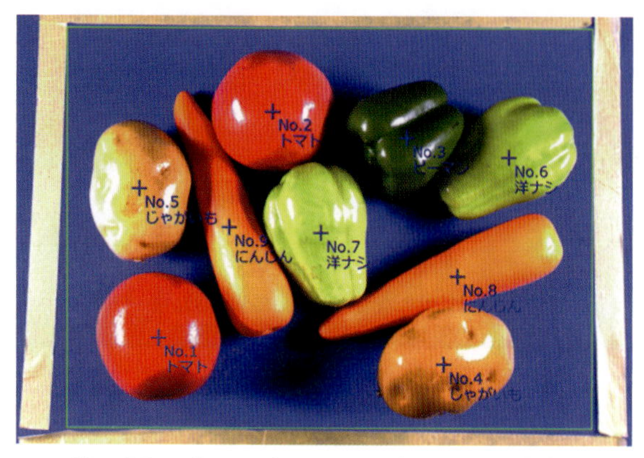

第14図　ディープラーニングによる品種判別

作業者ピッキング

出荷時の箱詰め作業などの際に、作業者のピックミスの検出ができれば、出荷前に修正することができる。当社では、数種類のディープラーニング機能を使用して、このような作業者ピッキングを監視するデモシステムを開発した（第15図）。

まず、システムの作動は所定の位置に手のひらを置くことで行う。ディープラーニング機能（Detect Features）によって、手の形を学習しており、手に反応して検査が開始される（第16図）。

棚から商品を取り出す際に、誤った棚に手を入れてしまうと、出荷する商品の取り違えにつながって

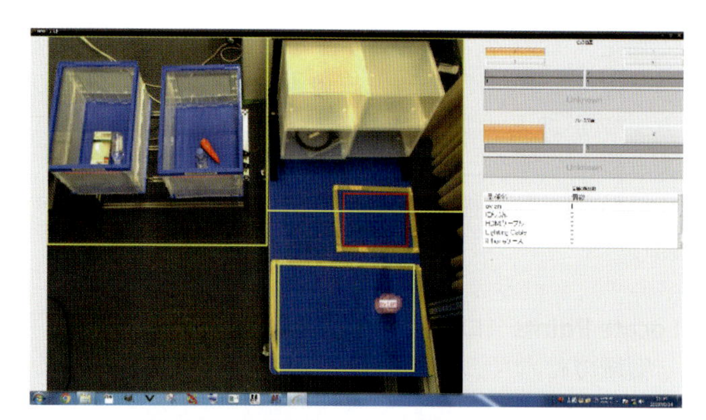

第15図　作業者ピッキング監視システム

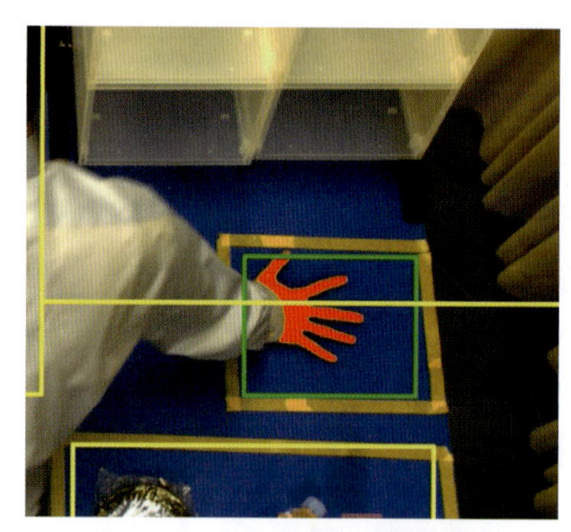

第16図　手を検知して検査開始

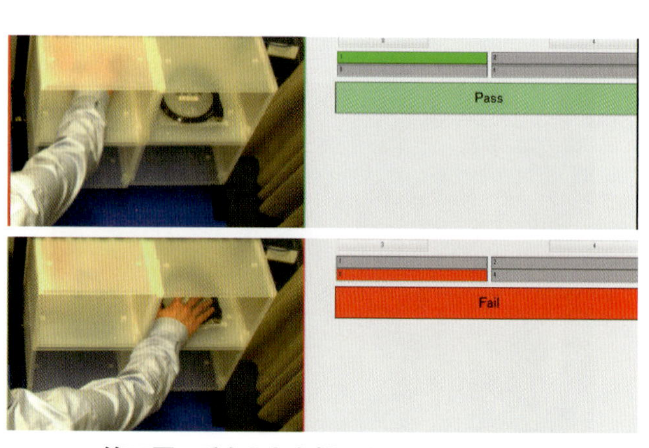

第17図　手を入れた棚によってOK・NG判定

しまう。これには、ディープラーニング機能(Classify object)を使用して、正しい棚に手を入れた場合と、誤った棚に手を入れた場合を分類することで判別を行っている(第17図)。

取り出した商品を出荷用の箱(画面左上)に入れる時も、同様の手法で正しい箱に入れているかどうかの判別を行っている。

棚から取り出した製品は、画面右下の所定の位置で品種の確認を行う。こちらは、ディープラーニング機能(Segment Instances)によって、領域内にどのような商品があるか検出を行う(第18図)。

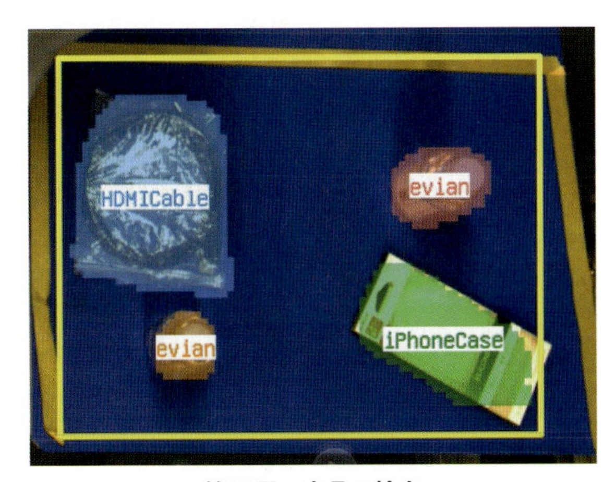

第18図　商品の検出

このように複数の機能を自由に組み合わせることができ、これによって従来では困難であったことが解決可能となる。

おわりに

本稿では、ディープラーニングを使用した画像処理システム全体を作成する用途に長けた画像処理開発ツール、Adaptive Visionを紹介した。

Adaptive Visionは2019年に更なる大型のアップデートを予定していると同時に、通常アップデートの頻度も年数回と高く、ユーザーは常に最新の機能を使うことができる。当社はAdaptive Visionに対して機能改良やユーザーの要望を伝える役目も持っており、実際にそれによって導入されたディープラーニング機能もある。Adaptive Visionは世界で販売されているが、世界でもっとも先進的な取り組みをしているグループが我々である。

今後さらに充実した機能が提供されていくが、日ごとに増していく自動化の要求に短期間で対応するためのツールとして、Adaptive Visionはあらゆる産業で重要となっていくであろう。

Adaptive Visionについて詳しく知りたい方は、当社HPに掲載されたリンクから無料体験版であるLite editionをダウンロードし、その直感的な操作を体験していただきたい。

【筆者紹介】

塚越 有揮
㈱マイクロ・テクニカ
第３事業部　営業４課
TEL：03-3986-3143　FAX：03-6479-0706

AI1904-09

人間の感覚を持った画像検査システム

Image inspection system with the human sense

Deep Inspection

㈱Rist
遠野 宏季

はじめに

製造業・医療分野をはじめとして、高品質で信頼のおける製品・サービス提供のために、目視検査が一般に普及している。一方で熟練した検査員のノウハウ継承やコストの高騰などから、検査の自動化ニーズが高まっているものの、既存画像処理技術には課題も多かった。近年、Deep Learningと呼ばれるAI技術の一つが画像処理分野で飛躍的な成果を収めており、画像検査領域への応用が期待されている。

本稿では、自動画像検査システムへのDeep Learningを用いた取り組みであるDeep Inspectionについて概説する。

Deep Learning活用の動向

検査の重要性

高品質な製品を世に生み出すために「検査」の工程は非常に重要な要素の一つであり、産業が多様化した現在ではますますその重要性は高まってきている。

自動化とその課題

従来までは検査は複数の人間による目視検査が最も信用の置ける手法として定着していたが、近年ではより客観的な評価基準による検査のシステム化の一つとして、画像処理による検査の自動化が一般的となってきている。

しかしそのような画像処理による自動検査に、人間のような柔軟な判断基準を設定することは非常に困難であり、多くの課題を抱えていることも事実である。

Deep Learningの活用

一方、Deep Learningと呼ばれるAI技術が、2012年に行われた画像認識の国際大会で大きな成功を収め、この数年の間に大きく注目を集めている。この技術は、特に画像処理の分野で大きなブレークスルーをもたらし、既存の画像処理技術の課題を解決する鍵として製造業・医療分野への応用が始まっている。

現状の外観検査へのDeep Learning活用のメリット

人による目視検査

製造ラインの多様化と製品の高品質化が進んだ近年、多くの検査現場では人による目視検査を行っているところも多い。従来から人による目視検査は一定水準で汎用的・信頼できる手法として認識されている一方で、近年では少子高齢化による検査員の人手不足や熟練検査員のノウハウの継承が困難などといった課題が顕在化してきた。

また、個体差のある対象への主観的検査を複数人で行う場合では、人それぞれに判断基準が曖昧なために品質水準を保つのが難しいという課題もある。このような目視検査の課題を解決するために、近年、外観検査の自動化のニーズは増加している。

自動化時の課題「微妙な差異の認識」

一方、そのような外観検査の自動化への期待が高まっているにも関わらず目視検査が未だに実施されているのは、既存の画像検査に課題が多いためである。

画像検査における代表的な課題として、検査対象や撮影条件が微妙に異なる場合に正しい判定ができないことがあげられる。すなわち検査対象の形状や向き、撮影時の光の反射や色味が一定でない場合に誤判定を下してしまう場合がある。そのため機械部品など製品内で外観がほぼ一定の場合において既存の画像検査は対応できるが、食品や木材・鉄板など微妙な色むらや形状の違いのある材料・素材を対象にする検査の自動化には向かないことが多い。

Deep Learningを活用した検査

Deep Learning技術が既存の画像処理技術と大きく違う点は、対象の画像から「自動的に特徴を抽出する」という点にある。そのため、従来では対象の画像群に対して人が個別に特徴抽出方法を設計する必要があったものを、参考とするデータを教示するのみでおおよその特徴抽出ができるようになった。

また画像という高次元のデータを扱う際に、ニューラルネットワークを模したパーセプトロンモデルを多層化させることにより、非常に柔軟に特徴を抽出することが可能となった。簡単に言うと、人間が定義できなかったり、気付かないような微細な特徴や全体的な雰囲気といった特徴を踏まえた上で処理することが可能となった。そのため画像処理システムを開発する際の工数だけでなく、性能としても従来手法に比べ飛躍的に向上している。

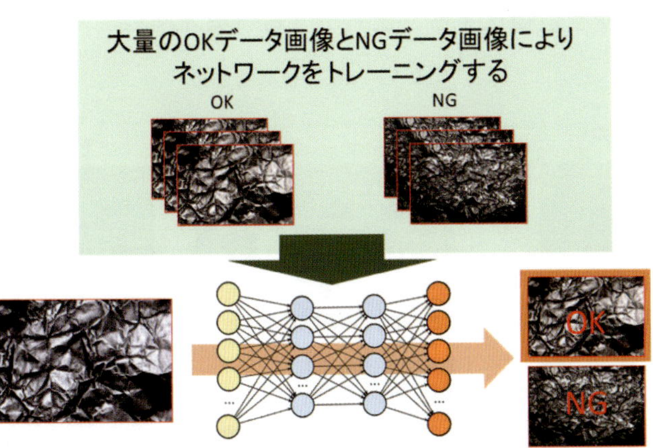

第1図

このように非常に魅力的な手法であるが、幾つか課題も存在する。例えば学習には一定量の画像を用意する必要がある。また、実際には万能の手法ではないため、従来手法と組み合わせて最終的に検査システムとして成立するという場合も多く、使い方にノウハウが必要な部分も多い（第1図）。

Deep Inspectionの特徴

撮影条件検討から検査システム導入とその後の保守運用まで一括対応

既に画像検査システムを導入している場合と、現在目視検査を行っている工程への導入を検討している場合では、導入までの課題が大きく異なる。

既に画像検査システムを導入している場合は、そこからデータを収集し学習を進めていくことで今よりも安定的に歩留まりを向上させることを目指すため、既存システムの理解や統合の面にも気をつける必要がある。現在目視検査を行っている工程への導入には、その対象の撮影条件の検討から製造ラインの設計などハードウェアの部分についても検討する必要がある。

Deep Inspectionでは問い合わせからそれら全てを一括で対応することができるため、全体を踏まえた提案が可能である。

多品種小ロット対応やお客さん側での学習にも対応

一般的に機械学習を用いたアルゴリズムでは、学習に大量のデータが必要となる。しかし実際の現場では集められる不良品データの量に限界があったり、多品種小ロットのためにデータを集めてもすぐ品種が変わるために何度もシステムの再開発が発生してしまうこともある。

しかし、Deep Inspectionでは対象の学習手法が確立された後はその学習システム自体をお客様へ提供することもできるため、お客様の現場で自ら新しい品種のための学習を行うこともできるようになる。

また、多品種小ロットに特化したアルゴリズムを用いることで、学習手法が確立した後は新品種の良品画像一枚のみで検査ができるようなシステムの構築も可能となっている（次章「多品種小ロットに対応した比較検査」の事例を参照）（第２図）。

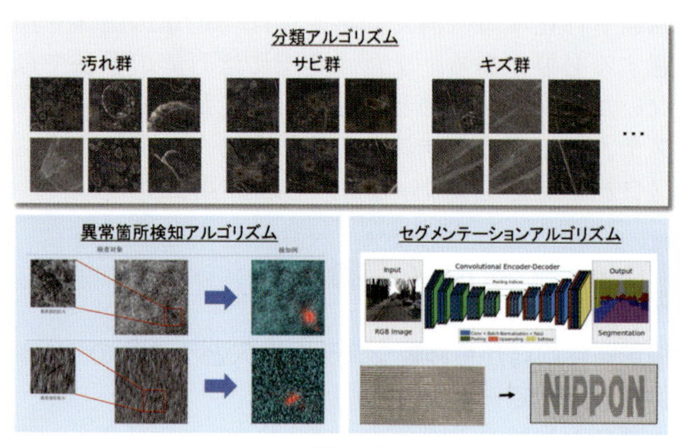

第２図

多彩な検査技術

人間との共同作業を可能にする分類システムと自信度算出

機械学習を用いた画像検査の典型例として、良否分類や品種分類システムが挙げられる。これは、過去の検査画像の分類結果に基づき、新しい画像に対しても同様に分類を行えるように学習を行っていくもので、Deep Learningを用いた画像検査の多くはこの分類アルゴリズムを実装している。

ここで課題になることとしては、製造業の現場では異常の見逃しは許されないことがほとんどのため、100％の精度が常に求められるという点である。すなわち、どれだけ精度が高くても、不確実な判断があるシステムを導入することはできない。そこで当社は「確実に識別できるものだけをシステムに任せ、曖昧なものを人間に任せる」といった人間との共同作業を行いたいという要望に応えるために独自技術としてシステムによる判断の「自信度」の算出を行っている。

例えば複数種類の画像を分類するタスクにDeep Learningを適応した例の場合に精度88％だったものに、当社独自の自信度算出法を適応した場合に第３図のようになる（青色：正解、橙色：不正解）。この場合に、自信度50％以上のものだけをシステムに判断させれば全体の半数以上を精度99％以上で分類することが可能となる。そして自信度が低い部分は今まで通り目視検査を行うことで、品質水準を維持したまま目視検査の負荷を軽減させることができるのである。

また導入後に目視検査のデータを蓄積し、Deep Learningのシステムを再学習させることで、より正しく識別できる割合を増やしていけるという点でも、非常に将来性のあるシステムとなっている。

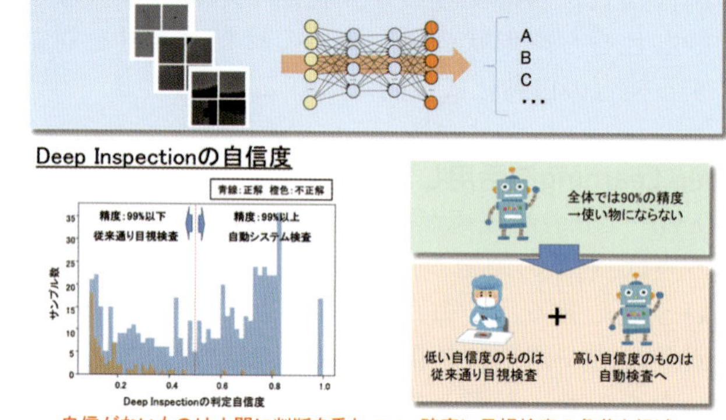

第３図

キズ検知

製造業の検査業務を行う上では、最終的な判定結果としての分類だけではなく、そのプロセスの改善のためにも判定結果の理由や原因箇所の特定が必要である。そのような要望に応えるために、対象画像の良否判定だけではなく、どこにその異常部位があるかを可視化することもできる（第４図）。

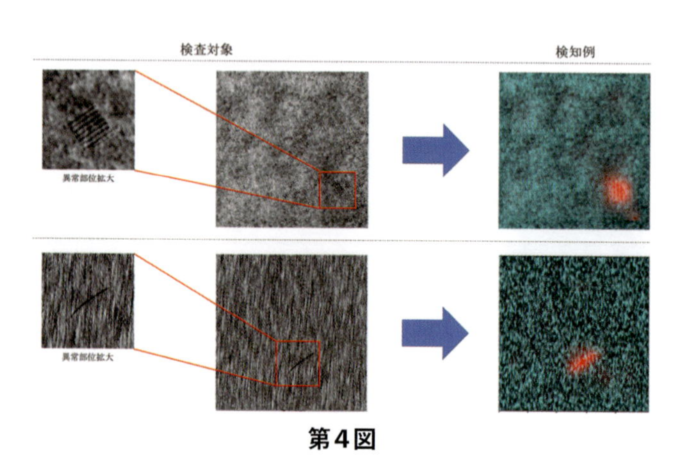

第４図

多品種小ロットに対応した比較検査

Deep Learningを用いた画像検査の課題として、多品種小ロットへの対応が難しいことがある。すなわち、精度の高い検査システムを得るためにはその対象の画像データが大量に必要であることが一般的である。しかし、多品種小ロット製品の場合では、その対象のデータを十分な量得られないことが多い。

そのような状況に対応できるのがDeep Inspectionの比較検査システムである。これは、検査対象の品種の良品画像が1枚さえあれば、その参照画像と検査対象画像を見比べて異常の有無を判定できる。学習には過去の多品種小ロット製品群のデータを使うことができるため、例えば新デザインのパッケージの検査を、そのパッケージの良品画像1枚さえあれば始めることが可能となっており、半導体基盤や鋳物製品など幅広い応用が見込まれる（第5・6図）。

1. 同一部品エリアの良品・不良品のペアを作成

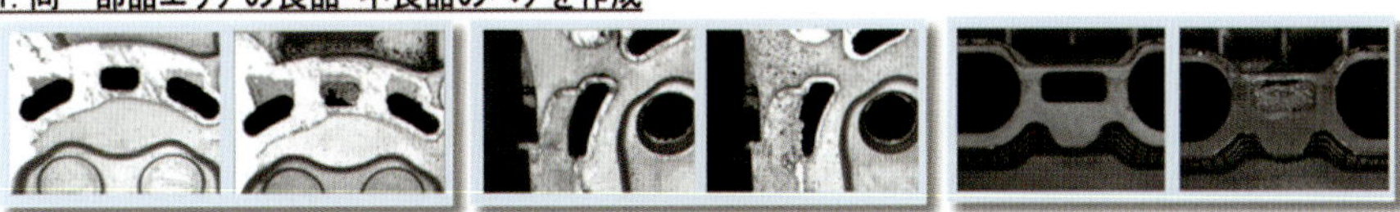

2. 不良エリアを教示

3. Rist独自比較ニューラルネットワークを使用し、良品エリア差分/不良エリア差分の特徴を学習

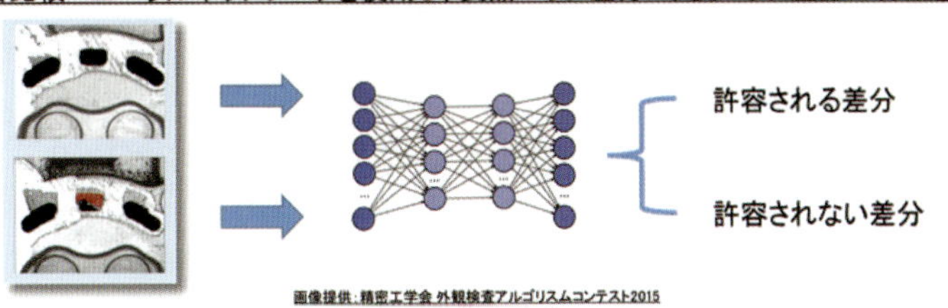

画像提供：精密工学会 外観検査アルゴリズムコンテスト2015

第5図

正常画像
異常画像

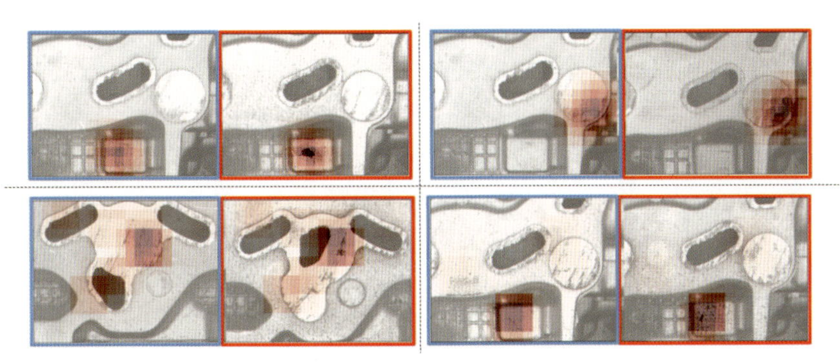

「異常な差異」のみを検知する非常に柔軟な比較検査

画像提供：精密工学会 外観検査アルゴリズムコンテスト2015

第6図

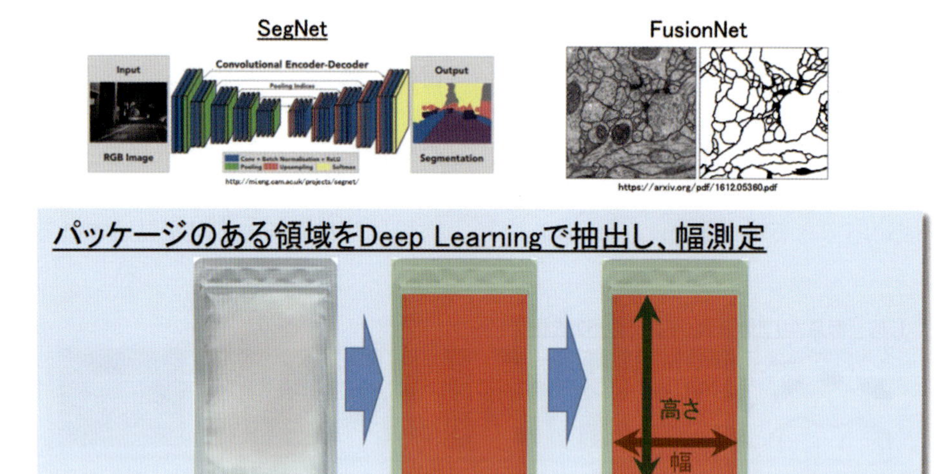

第7図

既に定められた検査基準に対応可能な領域抽出技術

上記で紹介した技術は、主に正常なものと明らかな不良部位（キズや汚れなど）があるものの分類や、そのような箇所の検知を行うシステムであった。一方で検査の中では、そのような明らかな異常ではなく、微妙な長さや幅、ある領域の面積などを基準として定量的に行うこともある。その際の課題は、曖昧な判定基準ではなく、曖昧な画像に対して人間のように正しく幅や面積を測ることである。そのような課題を、当社ではDeep Learningの領域抽出技術を用いて解決している。

例えば、以下のようなある領域の幅と高さを測定に対して、従来の画像検査システムではその境界が曖昧なために100枚に１枚ほどで正しくない位置を測っていた。それを当社技術では50枚ほどの教師データのみで学習を行ったモデルを用いることで10,000枚に１枚のエラー率となった事例がある。このように従来の検査基準に沿うわせる形でのシステム提案なども可能である（第７図）。

おわりに

市販のパッケージ製品で上手くいき辛い分野だからこそのDeep Inspection

Deep Learningなどの機械学習を用いた画像検査システムは、精度などの技術的な側面だけではなく、そもそも導入すべき検査かどうかの検討からデータ収集・運用の仕組みづくりから取り掛かる必要がある。Deep Inspectionでは、撮影条件の検討や導入前後のコンサルティングを一括で受けているため、ぜひ一度お問い合わせ頂きたい。

【筆者紹介】
遠野 宏季
㈱Rist
代表取締役社長

AI1904-05

産業用途で求められるディープラーニング画像処理の機能と適用例

Function and application example of deep learning image processing required for industrial use.

㈱リンクス
才野 大輔

はじめに

画像処理におけるディープラーニング・AIへの期待がますます高まっている。当社が毎年開催しているプライベートセミナー『LINXDays2018』において、数あるセッションの中で一番の注目を集めたのが、ディープラーニング機能を搭載した『HALCON 18.11』を紹介するセッションであった。

第1図 1500名が参加したLINXDays2018での『HALCON』講演の様子

画像処理ライブラリHALCONは、画像処理に必要とされるマッチング、検査、計測、データコード・文字認識、3次元処理などのための多彩な機能を提供しており、さまざまな産業分野で幅広く利用されている。1997年の登場以来、定期的なアップグレードを繰り返し、市場が求める画像処理機能を追加し続け、その洗練されたオペレータの数は2000を超える。10年以上も前から、ニューラルネットワークやサポートベクターマシンなどの機械学習の機能は搭載されており、HALCONの開発元であるドイツ MVTec社では、昨今では、特にディープラーニング機能の開発に積極的に取り組んでいる。

本稿では、2018年11月にリリースされた『HALCON 18.11』が提供するディープラーニング機能とその活用例をご紹介する。

第2図 画像処理ライブラリHALCON 18.11

HALCONディープラーニング

HALCONのディープラーニングは、【画像分類】、【オブジェクト検出】、【セグメンテーション】の三つの機能を提供している。

【画像分類】では、良品あるいは欠陥のクラス分類を実行することができる。また、【オブジェクト検出】

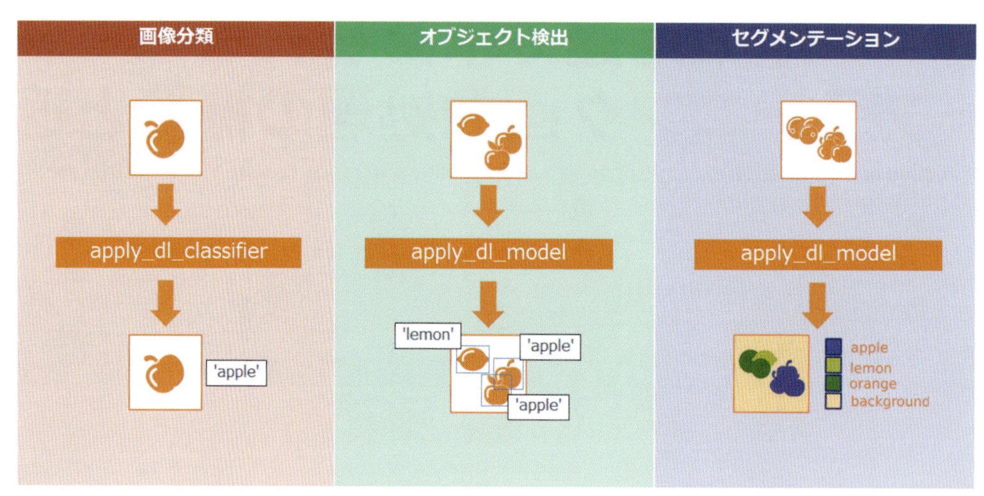

第３図　HALCONが提供する３つのディープラーニング機能

では、欠陥やオブジェクトなど見つけたい対象をバウンディングボックス単位で抽出、【セグメンテーション】では、欠陥やオブジェクトの領域をピクセル単位で抽出することができる。

HALCONディープラーニングの動作環境としては、OSはWindows または Linux、学習にはNVIDIA GPUが必須で、cuDNN および cuBLAS ライブラリを使用、推論にはGPUまたはCPUが必要である。Linux aarch64 にも対応しているためARMv8 アーキテクチャの組み込み環境への適用も可能となり、ディープラーニング機能の適用環境が広がる。マシンスペックを上げればその恩恵を得られ、OSやプロセッサーなどのマシン環境の変化にも対応していけるという点も、HALCONディープラーニングを選択する理由の一つとなる。

HALCONディープラーニング機能の使用方法

HALCONディープラーニングの三つの機能のどれを使うにしても、学習と分類を簡単に実装することができる。パラメータ調整や準備のための関数は存在するものの、基本的には二つの関数、学習は、train_dl_classifier() / train_dl_model() を、推論は apply_dl_classifier() / apply_dl_model()

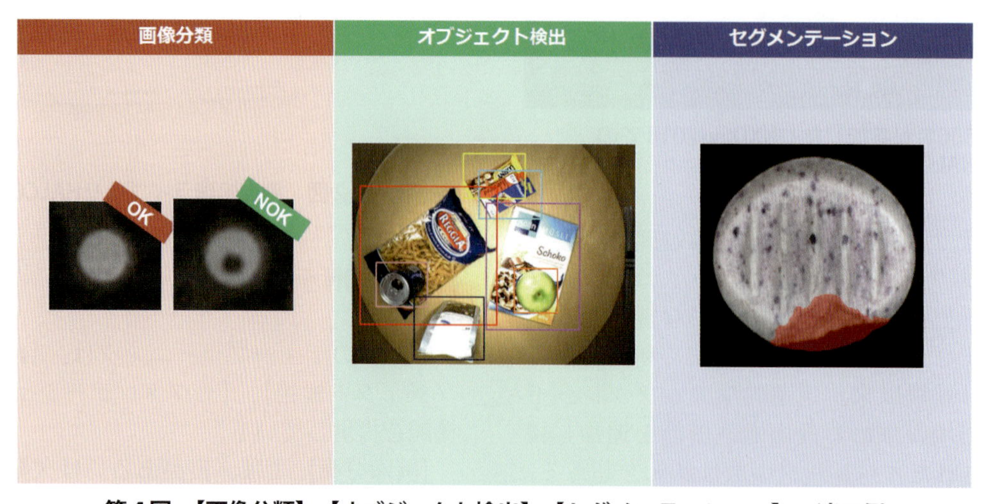

第４図　【画像分類】、【オブジェクト検出】、【セグメンテーション】の適用例

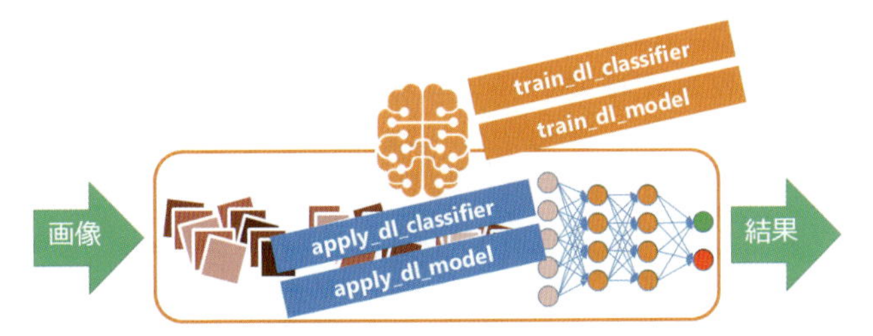

第５図　HALCONディープラーニングのフロー

を呼び出すだけで実行できる。使い方は至ってシンプルである。

【画像分類】では、事前に良品、不良品などのトレーニング画像を準備して与えるだけで学習を実行できる。その結果を用いて、入力画像に対して、良品／不良品 を判断することができる。良品か不良品という二択ではなく、良品、不良品A、不良品B、不良品C といったように、三つ以上に分けて判断することも可能である。

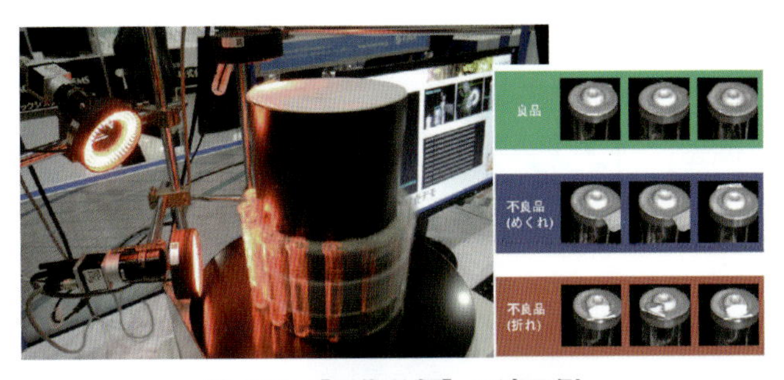

第６図　【画像分類】の適用例

【オブジェクト検出】では、トレーニング画像とバウンディングボックス（学習させたい部分を示す矩形領域）を準備して与えることで学習を実行できる。例えば欠陥を学習させていたとすると、入力画像に含まれる欠陥を（複数の）バウンディングボックスで検出することが可能である。

【セグメンテーション】では、トレーニング画像とトレーニング領域（学習させたい部分を示すピクセル単位の任意形状領域）を準備して与えることで学習を実行できる。例えば欠陥領域を学習させていたとすると、入力画像に含まれる欠陥領域をピクセル

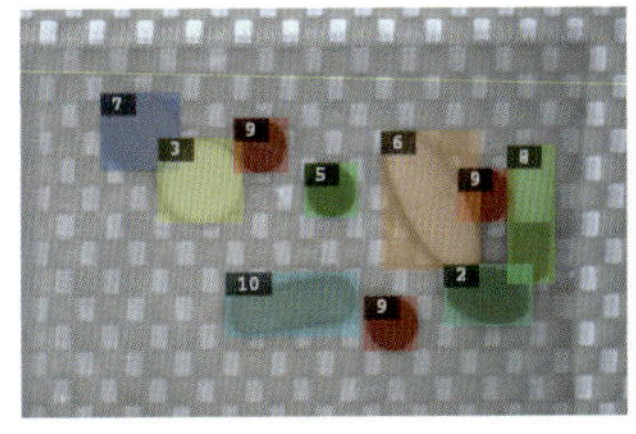

第７図　【オブジェクト検出】の適用例

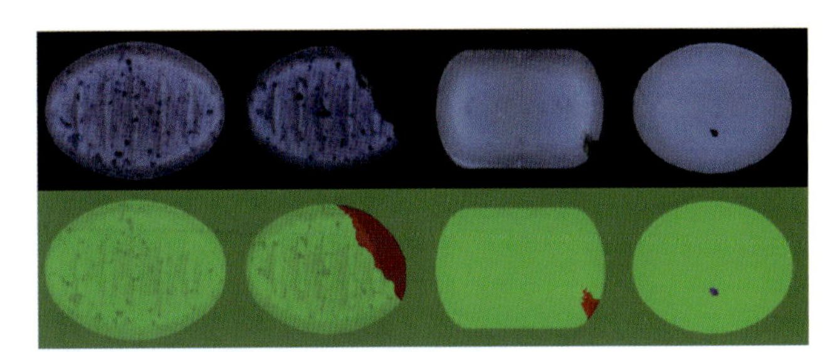

第８図　【セグメンテーション】の適用例

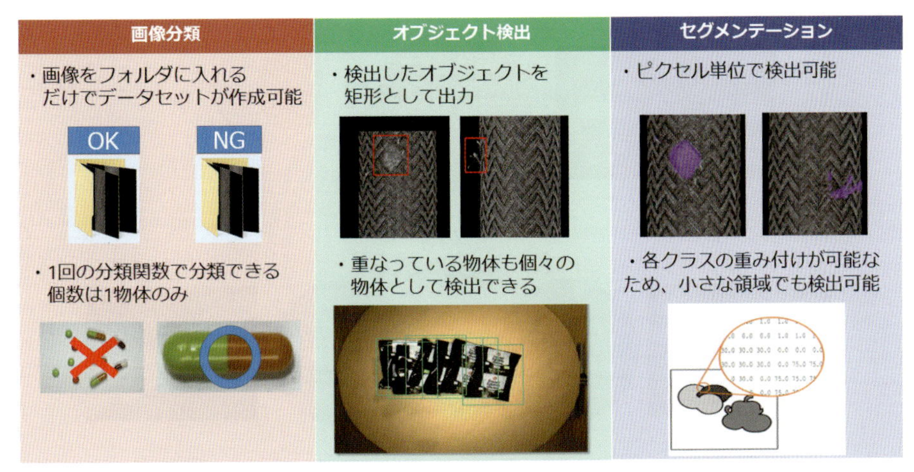

第９図　HALCONの３つのディープラーニング機能の特徴まとめ

単位で検出することができる。

HALCONでは、ニーズに合わせて、【画像分類】、【オブジェクト検出】、【セグメンテーション】の三つのHALCONディープラーニング機能から選択して使用することができる。

HALCONディープラーニングの特長

HALCONディープラーニングの特長をご紹介する。

まずは、優れたネットワークを提供していることが挙げられる。１からネットワークを自作する場合、専任の技術者が大量のデータと膨大な工数をかけて開発する必要があるが、HALCONを用いれば、MVTec社の20年以上の画像処理の知見から、産業用画像処理に最適化されたプレトレーニング済みのネットワークを使うことができる。プレトレーニング済みであるため、HALCONディープラーニングを活用すれば、少ない枚数で精度の高い転移学習が可能となる。また、ネットワークも一つでは無く、用途に応じて選択することができる。

また、その高速性が特長として挙げられる。様々なディープラーニングフレームワークを使って検証されているお客様から「HALCONディープラーニングは、他フレームワークと比較して非常に高速」とのコメントをいただいている。MVTec社は、産業用画像処理でディープラーニングを活用するには、処理速度が重要であることを良く理解しており、最新アーキテクチャに対応したアルゴリズム改善による高速化を常に行っている。

さらに、最大の特長は、HALCONフレームワークに統合できることである。ディープラーニング機能と既存のルールベース画像処理機能をHALCONフレーム

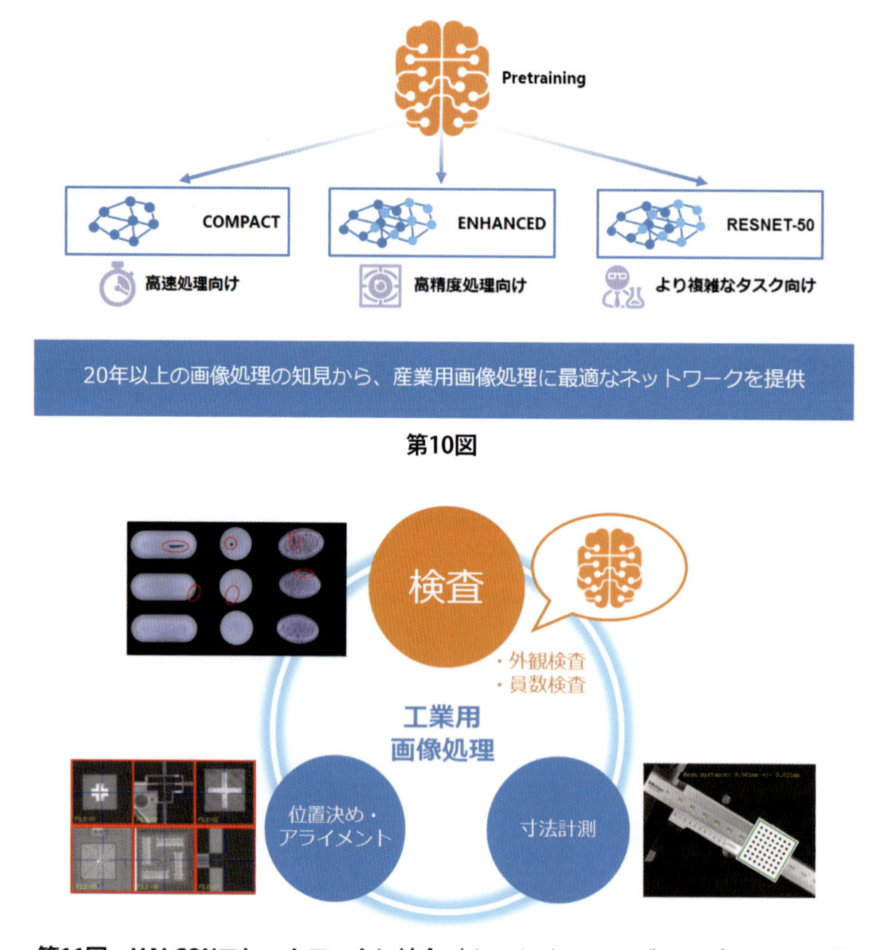

第10図

第11図　HALCONフレームワークに統合（ルールベース＋ディープラーニング）

ワークに統合することができる。リンクスでは日々数多くの技術コンサルテーションやベンチマークを行っているが、ディープラーニング機能単体で解決できるアプリケーションというものは少なく、既存のルールベース処理との組み合わせが必要となる。ルールベース画像処理とディープラーニング機能をシームレスに融合できるHALCONだからこそ、より多くのお客様の課題を解決できると考えている。

HALCONディープラーニング機能の活用例

ここでHALCONディープラーニング機能の活用例を紹介する。

メッシュワイヤの外観検査

ワイヤが切れてはみ出している場合、底面がむき出しになっている場合、ワイヤが切れてはいないもののねじれてしまっている場合、の主に3種類の欠陥がある。更にメッシュ構造になっているため、複数の処理を組み合わせなければならず、一筋縄ではいかないということが見て取れる。

ルールベースでの処理を考える際、それぞれの欠陥を抽出するアルゴリズムを構築し、結果を合算して、最終的な欠陥領域抽出を行うのではないだろうか。この処理方針の課題として、汎用的なアルゴリズムを欠陥種類の数だけ作成しなければならない、という点が挙げられる。

処理のアプローチを考えることはできるのだが、実際には全ての画像に対する汎用性を持たせなければならないため、各処理のパラメータの絶妙なチューニングが必要となる。

実際にチューニングを行った結果を見てみると、パラメータを甘く設定すると欠陥が抽出できず、厳しく設定をすると過検出になってしまった。汎用的

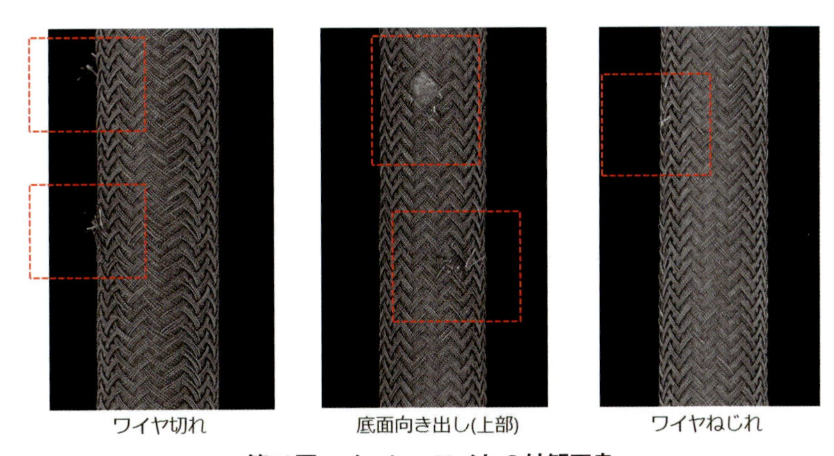

第12図　メッシュワイヤの外観不良

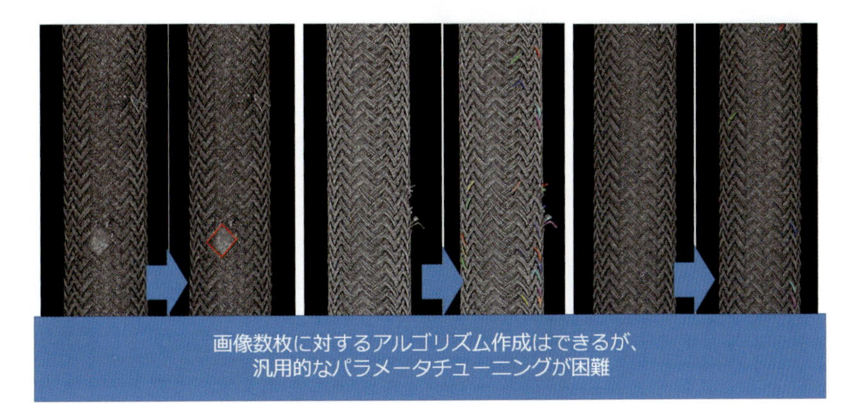

第13図　ルールベースでの処理結果

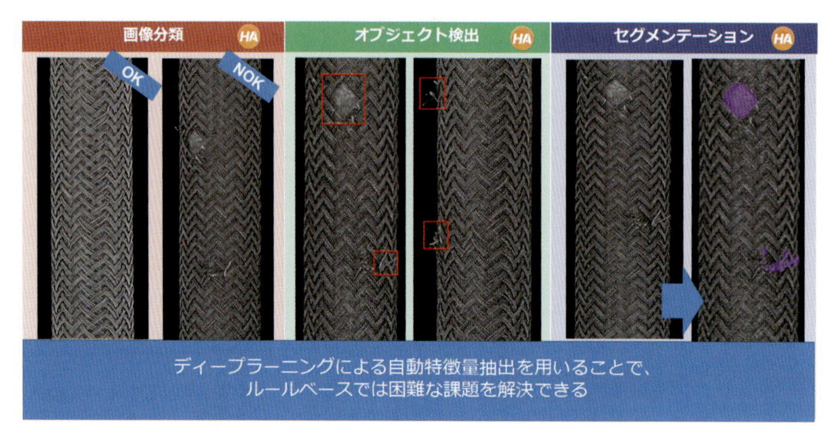

第14図　ディープラーニングでの処理結果

なアルゴリズムを構築するには難易度が高いということがお分かりいただけると思う。

ここで、ディープラーニング機能を適用してみる。先程紹介したHALCONの三つのディープラーニング機能をそれぞれ用いて評価した結果、安定した汎用的な検査を実現することができた。また、三つのディープラーニング機能が提供されているため、用途に応じた出力を得ることが可能であることもわかる。

このように、HALCONのディープラーニング機能を用いれば、既存のルールベース画像処理では困難であった課題を解決することができる。

国内・海外の活用事例として、70種類の植物の識別検査、多種多様な錠剤の欠陥検査、倉庫における多様な部品の在庫確認、電子部品の品質検査、ナッツの良品検査、ハムの良品検査、トウモロコシの粒の良品検査、自動車部品の良品検査、自動車シートカバーの外観検査、トレイ上の複雑多品種の有り無し検査、20種類の革製品の分類検査、貝の良品検査、レンズの良品検査、野菜・果物の識別、缶の検査、ワイヤ終端の検査、リサイクル部品の素材分類、など、HALCONディープラーニングはさまざまな市場・アプリケーションへの適用が検討されており、実際のラインでの稼働も今後ますます増えていく。

HALCONディープラーニングの導入について

課題を持ち、ディープラーニングの活用を検討されている方はぜひリンクスにお問い合わせいただき

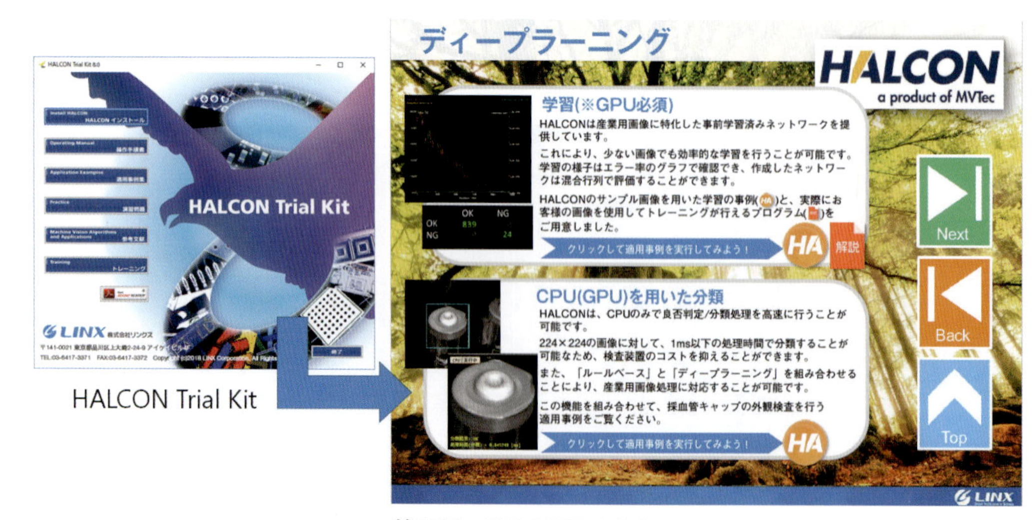

第15図　HALCON Trial Kit

たい。また、リンクスが提供する『HALCON Trial Kit』にご登録いただければ、そのコンテンツの一つである、ディープラーニング機能活用のサンプルプログラムをベースに、自社の画像と検査データを用いて、HALCONディープラーニング機能を試していただくことも可能である。

HALCON Trial Kit

URL: https://linx.jp/product/mvtec/halcon/trial_kit.html

おわりに

新しい技術を検討するとき、世の中がどれだけ注目しているかを理解することは大変重要である。ひとつの参考として、ガートナー社が毎年発表している「先進テクノロジのハイプ・サイクル」がある。横軸に時間、縦軸に期待度で先端テクノロジのトレンドが表現されており、新たなテクノロジは、黎明期に期待が高まった後、ピーク期を経て、幻滅期に落ち込んでから実用化に向かう、というものである。数ある先端テクノロジの中で、ディープ・ニューラル・ネット（ディープラーニング）は、３年連続で「過度な期待のピーク期」にあり続けている。

現在、多くの方が，ディープラーニングが起こす革新に期待しているが、この期待は、将来的に【幻滅期】に向かって下がっていく。
将来、【幻滅期】に落ちていく理由として、
(理由１）画像データ活用に対する十分なノウハウが蓄積されていないこと
(理由２）ディープラーニング単体で成果を出せる案件は限定的であること
などが挙げられる。

(理由１）に関して、ディープラーニングの学習を行うには、これまでのプログラミングスキルとは異なるスキルが必要である。MVTec社は、すでにディープラーニングに関する多くの知見と経験を積んでおり、HALCONユーザの皆様は、そのベースの上に独自のディープラーニング画像処理エンジンを構築することができる。

(理由２）に関して、ディープラーニングがこれまで実現不可能であったことを可能とする素晴らしい技術であることは間違いない。しかしながら、それだけでは様々な画像処理ニーズへの対応はできない。HALCONの豊富なツールセット（多種多様なルールベース画像処理機能）と組み合わせることで、ディープラーニングの限界を克服できる。

MVTec社では、本稿で紹介したもの以外に、すでにディープラーニングの関する新機能開発に取り組んでおり、できるだけ早期に、HALCONユーザの期待に応える新たなソリューションをご提供できるよう準備を進めている。

MVTec社は、ディープラーニングに関して以下をお約束する。
- 究極のディープラーニング機能を提供すること
- HALCON AIを幅広いマーケットに拡張すること
- AI画像処理に関する最高の使い勝手を提供すること

当社およびMVTec社は、【幻滅期】への落ち込みを克服し、効果的なアプリケーションを実現するために、先進的なHALCONユーザの皆様と一緒に、今後もチャレンジングな課題に取り組んで行く。HALCONディープラーニング機能を活用することで、これまで以上に、皆様の困りごとの解決の一助となれれば幸いである。

【筆者紹介】
才野 大輔
㈱リンクス
画像システム事業部

AI1904-07

電子実装基板の外観検査設定時間を10分に短縮する画像認識技術

Visual inspection of PCB,ready in 10 minutes,thanks to image recognition technology

ウイングビジョン社のAI搭載型マシンビジョンシステム

YKT(株)
ルシュ 麻緒

はじめに

近年FA化がものづくりの現場で進む中、多くの製造業において、いまだ人の目による製品の外観検査が行われている。特に多方向からの検査や複雑形状品、寸法や形状許容範囲の広い製品の検査は、目視に依存し自動化はほとんど普及していない。しかし、検査員間での熟練度による検査精度のバラつきや、ヒューマンエラーなど、品質向上の観点から見れば常に困難がともなう。さらに昨今時代の流れとして検査員の安定的な確保が難しいところにトレーサビリティへの対応が求められていることからも、検査の担い手を人から機械へといかに移行していくかは外観検査分野における課題である。この状況下、電子基板製造業界では以前よりAOI (Automatic Optical Inspection) といった検査装置が製造ラインに導入され、機械が多くの検査を担ってきた。

一方、多様化する消費者嗜好に合わせて少量多品種対応の要望も多く存在し、そのような現場では、機械ではなく目視検査員が多々見受けられる。これは、通常のAOIでは１つの製品に対し検査設定にかかる時間が膨大になるため、大量生産の場合は効率よく運用できても、少ロット生産になると目視検査の方がコスト面でも運用面でもメリットが大きいことに所以する。そのような背景からより柔軟性に富んだ外観検査装置へのニーズが高まりを見せ、外観検査装置PRECISION EYE（第１図）が誕生した。長野県安曇野市に拠点を置く株式会社ウイングビジョンによって考案された本装置は、主要パソコンメーカーの製造ラインで外観検査システムの構築を担当していた創業者が開発しただけあり、電子基板の外観検査にはうってつけの産業用マシンビジョンシステムである。特にAI搭載型の新モデルは多品種小ロット生産現場の検査工程における検査装置運用効率の向上に大きく貢献する。例えばMサイズ基板に3000点の電子部品を載せた場合、競合装置では検査設定にかかる時間が数時間から一日以上であるのに対し、わずか10分程で済む。そこには同社独自のマシンビジョンシステムが用いられている。本稿では、本装置のマシンビジョンシステムを紹介し、実際に本システムが適用されている検査事例を紹介する。

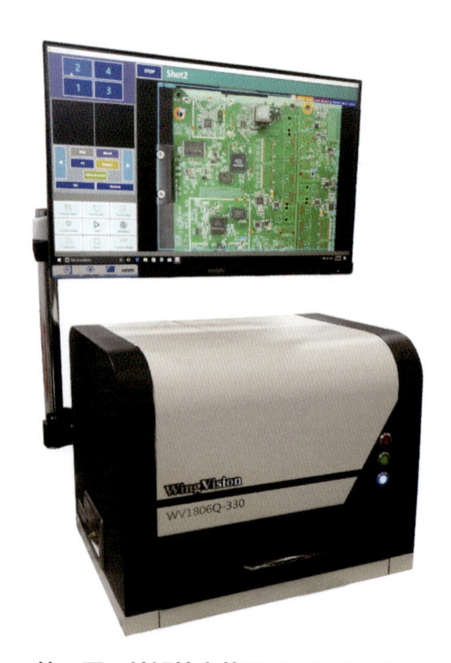

第１図　外観検査装置PRECISION EYE

独自開発のマシンビジョンシステム「メッシュ・マッチング」

AIシステムを紹介する前にウイングビジョン社で開発され、国内特許を取得している本機のメインシステム「メッシュ・マッチング」機能について述べる。テンプレートマッチングを応用させた画像処理方式を採用し、まず事前に登録した良品基板のリファレンス画像と類似性の高い形状が探索対象の撮影画像中にあるか、どこにあるかを検出する。次にリファレンス画像と比較することで、任意に設定されたしきい値より一致率が低い場合は不良品として、高い場合は良品として検査対象を選別する。さらに「メッシュ・マッチング」では、画像全体の比較ではなく、画像を設定された小さな格子状＝メッシュ単位で細分化し、その小領域毎に比較探索を行う為、微細な差異もしっかりと見分けることができる。例えば本機標準仕様の1,800万画素CMOSカメラで撮影した場合、メッシュサイズを小さく絞る事で、180mm×130mmという広い視野内で20μmの差異まで検出することが可能だ。カメラの高解像度や位置を変更すれば、より微細な差異の検出にも対応する。

実装基板部品検査装置の主流は、斜め方向にカメラを複数設置した3D方式であるが、本装置は検査設定が複雑でロバスト性の低い3Dではなく、よりシンプルな2D方式を採用し、処理をRGB3チャンネルで行う事により、輪郭形状差や位置ずれだけでなく、明度や色の差なども同時に検出する。フィルターなどの前処理にて多彩に組み合わせることができ、実装基板や様々な分野の製品の外観検査でも本システムが活用されている。さらに検査設定は、検査対象箇所のメッシュをマウスで範囲選択するだけでよく（第２図）、検査パラメータ数値も粗目・標準・厳しめといった異なるパラメータがあらかじめプリセットされている為、画像検査に関する専門知識は不要である（第３図）。

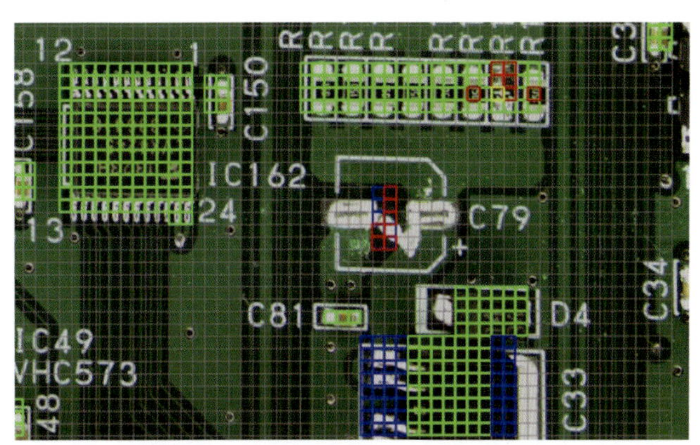

第２図　撮像をメッシュで細分化し検査、色がついているメッシュをマウスで選択、その個所を検査

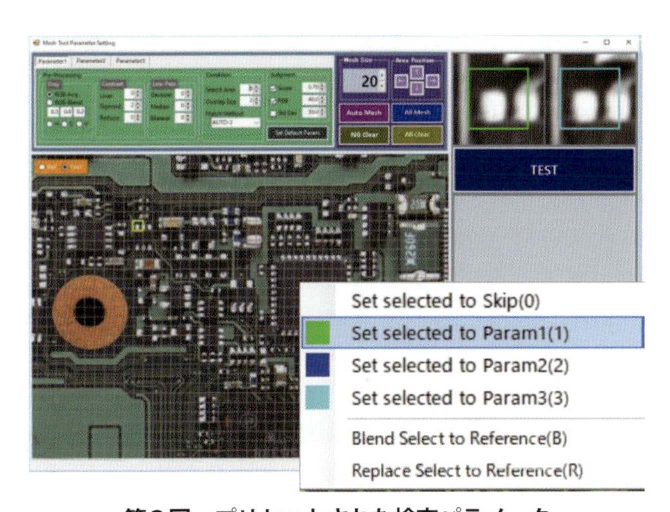

第３図　プリセットされた検査パラメータ

本方式の開発により、使いこなしが難しい従来型検査装置に苦労していた製造現場での外観検査への敷居は低くなったが、例えば電子回路基板のように検査対象箇所が3000カ所以上ある場合、手作業によるメッシュ設定ではやはり一定の時間がかかってしまうことは避けられない。そこでウイングビジョン社は、この検査設定時間を大幅に短縮し、より効率よく検査機を運用してもらう為に、実装基板検査に特化したAI画像認識技術「AI-MESH」を開発した。

実装部品検査設定用画像認識システム「AI-MESH」

「AI-MESH」は基板上に実装された部品に対して検査設定を自動で行うことを目的とした機械学習機能である。画像検査へのAIの利用はこれまでほとんどが検査の判定に使われていたが、本システムの場合、判定自体は「メッシュ・マッチング」のロジックで行う。広い画像視野範囲内のどこにどのような検査設定をすれば良いかを判断する為にAIを使用している点で、その使いどころが他と異なる。実際、判定にそを使用することは現実的でない。教師データとなる膨大な量の良品サンプルと不良品サンプルを用意する必要があり、電子回路基板に搭載される集積回路（ICチップ）やコンデンサー、ダイオード、抵抗器など多種多彩な外形や端子数を持つ部品全てについて、様々なバリエーションを持つ正常状態と不良状態の画像を事前に学習させなければならないからだ。現在、判定にAIを使用しているシステムの多くが単一箇所のわかりやすい判定に限定されており、AIではなく従来型のロジックでも判定可能である。

一方「AI-MESH」では、画像前処理をかける事により十分に単純化され、なおかつメッシュで細分化された画像パターンに対して、そのメッシュが検査対象箇所を含むかどうか、含む場合どのパラメータを適用すべきか、に判断機能を限定している。「AI-MESH」はこのようなシンプルな判断で運用できる為、機械学習との相性が非常に良い。またユーザーは学習プロセスを行う必要がないため、不適切な教師データの入力による精度低下も回避されるというメリットもある。通常はAIエンジン任せになる認識精度に関しても、前処理パラメータを調整することで味付けを変えることも可能である。

ユーザーはまず検査対象実装基板の良品を「メッシュ・マッチング」システムに学習させ、その後、生基板の画像を読み込ませる。そこに「AI-MESH」を起動させると、その生基板の撮像と実装済み基板のリファレンス画像から差異が検出され、さらにその位置に前述の手法で検査パラメータが設定されてゆく（第４図）。本処理自体は約30秒で終わるが、検査設定に見逃しが生じないよう、疑わしい部分も検査対象にする為、最後に人間が若干の仕上げ作業を行う必要がある。但しこれを含めても、従来モデルでは1時間ほどかかっていた設定時間が10分程度に短縮された。AIのみで100％完結できない点は今後の課題ではあるものの、製造の現場が完全な精度よりもすぐに使える利便性を求めているという強い要望に応えている。ユーザーのフィードバックで改善を重ね、引き続きAIによる運用効率と設定精度の更なる向上を目指す。

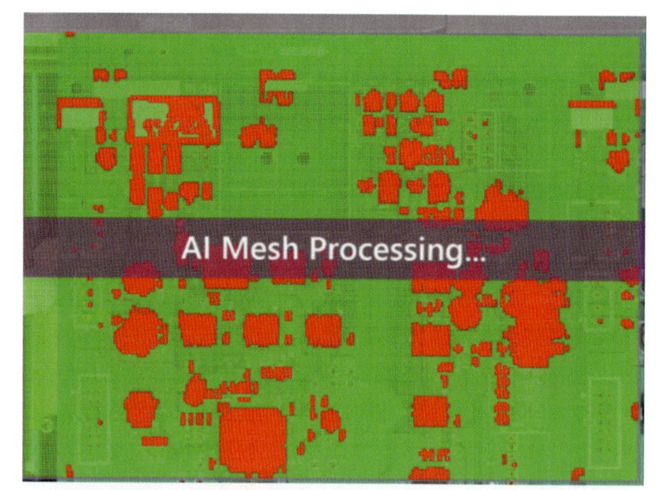

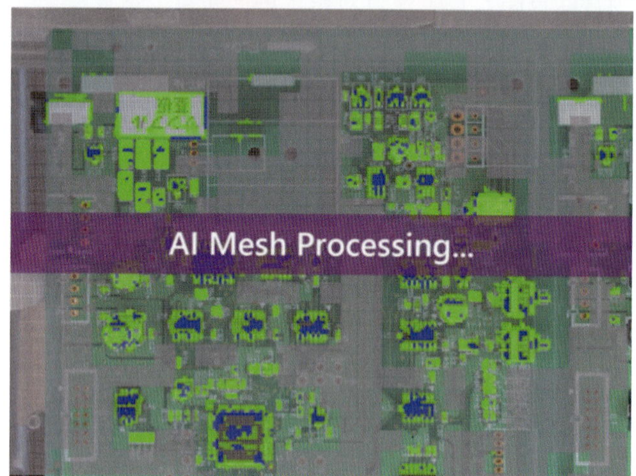

第４図　AI-MESHプロセス図
上：未実装基板と良品基板の差異から部品が載せられている箇所を検出（赤い箇所）
下：検出した箇所にある部品をAIが判別し適当と判断した検査パラメータをメッシュ毎に選定

モノ造りに必須のトレーサビリティにも対応

本システムはAI搭載の「メッシュ・マッチング」だけではなく、撮影画像の自動保存機能や、検査履歴のデータベース化を標準仕様としている。バーコード、QRコードやロットNo.のOCR機能もオプションで用意しており、品質管理の観点からも導入メリットは大きい。またユーザー独自のデータフォーマットに適合した出力を行うプラグインソフトも組み込み、基本的なソフトウェアに手を加えず、きめ細やかにユーザーのニーズに対応する（第５図）。

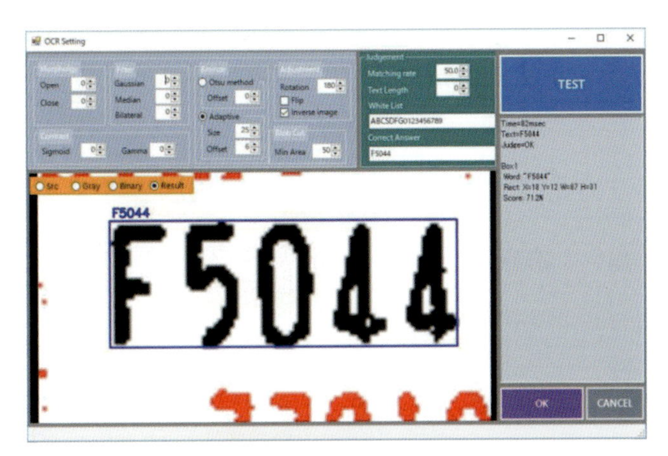

第５図　OCR読み取り

適用事例

汎用性の高い「メッシュ・マッチング」システムにより、実装電子基板はもとより幅広い分野の外観検査に応える。

電子基板の絶縁防湿塗布コート検査（第６図）

標準搭載の白色LEDをUV-LEDに変えることで、通常は懐中電灯型のブラックライトを持って目視している検査を自動化。

切削工具インサート表面検査（第７図）

エッジ部分の傷やチッピングとコーティングの色ムラや焼けという、従来は異なる照明環境や手法が必要だった検査を単独撮影で一括検出。

医療用樹脂成型品の表面検査（第８図）

透明な樹脂製品でも照明の最適化によりキズやムラの検出が可能。

樹脂成型品表面検査

射出成型後、位置や形状が不安定な状態でコンベア上にある製品をRIPOC（回転不変位相限定相関）手法により５軸補正を行い、基準画像に合わせた上で検査。

おわりに

今日、目視検査に頼る傾向にあった機械加工、射出成型、切削工具等の業界からの問い合わせが増加している。今後はこのような業界での適用事例を増やしながら、PRECISION EYEの汎用性を活かした検査ソリューションの提案幅を広げてゆく。また国内のみならず海外の検査市場にも視野を広げ、様々な分野の展示会に積極的に出展し、ユーザーニーズの更なる深掘に努める。

最後にPRECISION EYEの特長をまとめた。

マシンビジョンシステム「メッシュ・マッチング」

①パターンマッチングを応用させ、画像全体の比較ではなく、設定した画像をメッシュ単位で細分化し、その小領域毎に比較探索を行う為、微細な差異の検出が可能。
②RGB3チャンネルで処理する為、輪郭形状差や位置ずれだけでなく、明度や色の差なども検出できる。
③検査設定はマウスのみで簡単にでき、画像検査に関する専門知識も不要。

実装部品検査設定用画像認識システム「AI-MESH」

①AIにより部品搭載点数の多い実装基板の検査にお

第６図　塗布コート検査

第７図　インサート表面検査

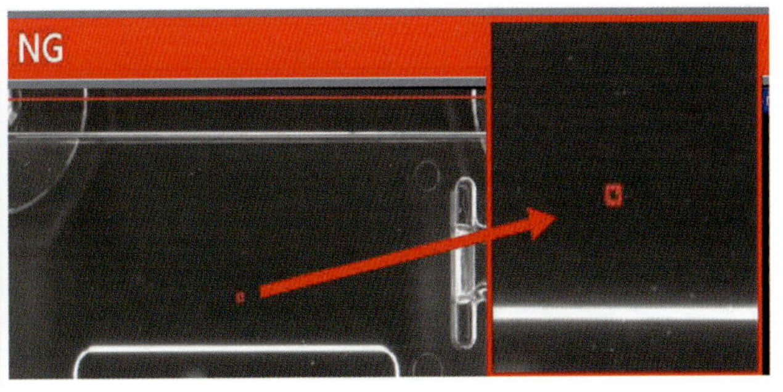

第８図　透明樹脂成型品のキズ検査

いて、その検査設定時間を大幅に短縮。効率と精度のさらなる向上を図る。
②ユーザー側でのAI学習プロセスが不要。

トレーサビリティ対応

①撮影画像の自動保存機能、検査履歴のデータベース化機能を標準搭載。
②バーコード、QRコード、ロットNo.のOCRによる管理が可能。
③指定のトレーサビリティに適合したプラグインソフトウェアの開発にも対応。

【筆者紹介】

ルシュ 麻緒
YKT㈱ グローバルサポート
TEL：03-3467-1270
E-mail：ykt100@ykt.co.jp

〔産業分野における〕

AI・ディープラーニングを利用した
画像検査・解析の効率化

製品・技術ガイド

掲載企業

- ㈱アドダイス
- ㈱ALBERT
- Euresys Japan㈱
- HPCシステムズ㈱
- ㈱エーディーエステック
- キヤノンITソリューションズ㈱
- 三友工業㈱
- ㈱シーイーシー
- タクトピクセル㈱
- ㈱東京ウエルズ
- ㈱トラスト・テクノロジー
- ㈱Preferred Networks
- ㈱ペリテック
- ㈱マイクロ・テクニカ
- マクセルシステムテック㈱
- ㈱Rist
- ㈱リンクス
- YKT㈱

㈱アドダイス

TEL 03-6796-7788
https://horus-ai.com

半導体工場・医療AIで実績のある高信頼のソリューション

HORUS AI（ホルスAI）は、AIを知らない現場のユーザー自身でAIの学習データ作成や運用時のAI調整が可能なサービスである。

既存の検査装置に後付けで組み合わせて利用できる。半導体検査装置やデジタルスキャナ、またレーザーやX線そして赤外線と多様な既存検査装置に対応している。事例は「半導体　アドダイス」「医療　アドダイス」で検索すると確認できる。

高い信頼性が要求される分野で実績のあるIoT×AIのパイオニアであり、専門家による解釈を人工知能に学習させ誤りがあれば補正するAIの特許を保有しており、国内では数少ない独自AI技術を持つ企業である。

PCさえあれば申込み直後からすぐに利用・導入できる。

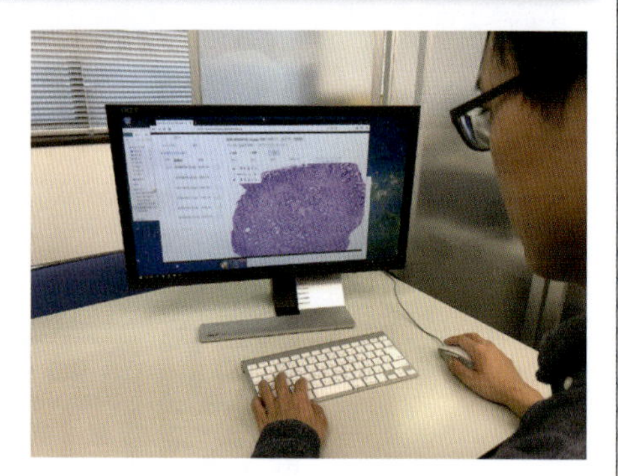

㈱ALBERT

TEL 03-5937-1611
https://www.albert2005.co.jp/takuminome/

AI・画像認識サービス「タクミノメ」

「タクミノメ」は、人工知能（AI）とディープラーニング技術を用いたAI・画像認識サービス。日本マイクロソフト社が提供するクラウドプラットフォーム「Microsoft Azure」と、これまでALBERT社が蓄積してきた知見・ノウハウを活用し、経験豊富なデータサイエンティストのサポートを通じて、PoC（概念実証）段階における実用性が高いモデルの検証を提供。対象は、画像認識に不可欠とされる4つの主要なタスク「画像分類」「物体検出」「領域検出」「マルチラベル分類」が中心となっており、従来は人の目で行っていた判断工程を画像認識に置き換えることで、判断精度が向上。スキル保有者の高齢化に伴う人手不足やスキル継承などの課題解決に貢献。

Euresys Japan㈱

TEL 045-594-7259
http://www.euresys.com

短時間で実装できる“Easy Deep-Learning”

必要最小限の用途に特化したディープラーニングの実装に最適なオープンソフトウェア“Easy Deep-Leaning”を無償で2018年にリリース。実装の目途が立った段階でライセンスを購入頂くのでリスクゼロである。多品種小ロットの量産ラインに短時間で導入と同時に品質管理に適合可能である。100サンプル画像の読込みをするだけで、欠陥の判別はソフトウェアの知識不要で可能。GPU搭載PCを使用することで、大幅な学習時間短縮を実現できる。また、3D、エッジ、カラー検査、OCR、Matrix Codeなど各種欠陥検出に特化したアプリケーションもランナップとして取り揃えている。

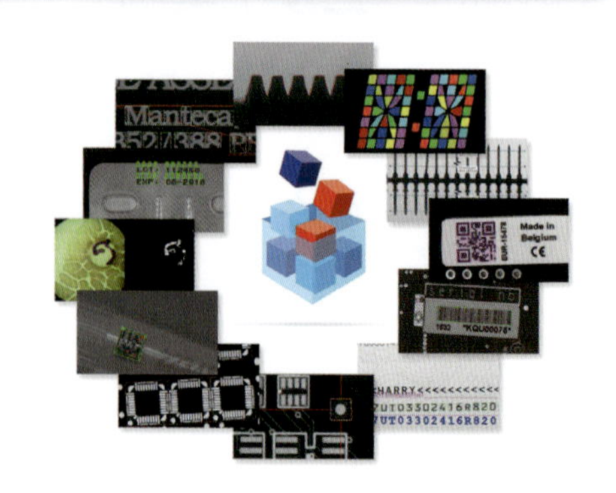

HPCシステムズ㈱

TEL 03-5446-5535
https://www.hpc.co.jp/

水冷タイプのGeforce RTX 2080 Tiを４枚搭載するAI開発向けワークステーション「PAW-200L/G4」

PAW-200L/G4は、水冷タイプのGeforce RTX 2080 Tiを４枚搭載。空冷タイプで複数枚運用した場合、GPUの発熱による保護機能（サーマルスロットリング）が働き、動作周波数が大きく低下し、パフォーマンスを最大限に活かせない。このワークステーションに搭載する水冷タイプのGPU環境では、複数枚搭載時も60℃前後を維持することができ、サーマルスロットリングを防ぎ、最大周波数での動作を可能にしている。

また、PAW-200L/G4はATX電源を２台搭載。CPU/システムとGPUをそれぞれ別の電源から電力を供給。これにより電力の安定化と共に、100V環境で４枚のGeforce RTX 2080 Tiの動作を可能にしている。

㈱エーディーエステック　イメージング部

TEL 047-495-9070
http://www.ads-tec.co.jp

ディープラーニング画像解析ソフトウェアSuaKIT（スアキット）

SuaKIT（スアキット）は、ディープラーニングベースのマシンビジョン向け検査ソフト。

バッテリーやソーラーセルの品質検査、PCB検査、食品の品質検査及び仕分け、織物検査、皮革製品の品質検査など、様々な製品・産業分野に向けて、新たな価値を提供できる。

■特長

- 自己学習機能により、検査、欠陥用ソフトウェア開発が不要。
- 目視検査並の精度での検査が可能。
- 従来手法でプログラミングが極めて困難であった外観検査が可能となる。

キヤノンITソリューションズ㈱

TEL 03-6701-3450
https://www.canon-its.co.jp/solution/image/

多彩な画像処理関数を保有した、汎用的な画像処理ライブラリ

「MatroxImagingLibrary（MIL）」は、産業用画像処理アプリケーション開発のための多彩な画像処理関数を保有した汎用的かつハイレベルな画像処理ライブラリ。アルゴリズム検討やプロトタイピング、開発とランタイムまであらゆるプロセスに対応するツールが含まれている。

精度と確実性を備えた画像のキャプチャ、処理、解析、注釈描画、表示、保存のためのソフトウェアとプログラミング関数を提供する。

「画像AI技術」にも対応しており、認識・分類・読取はもちろん、位置補正・デコード・計測処理にも対応できるため、複雑な画像分類にも最適である。

学習モデル生成サービスも提供可能。評価版提供、購入検討のための無料セミナーを開催している。

三友工業㈱

TEL 0568-72-3164（代表）
http://www.sanyu-group.com/industry/

三友のAI外観検査のノウハウを搭載したAI外観検査装置“Rising Star-AI”

三友のAI外観検査装置は、画像エンジニアを不要とし、お客様で使用いただけるAI外観画像検査装置である。

■特長

- 検査アルゴリズムより“高い検査能力”を持つAI
- 80msecの“瞬速”で検査できるAI
- リアルタイムに“欠陥位置”が即わかるAI
- 画像エンジニア不要なため“お客様が改善・改良”できるAI
- 多彩な「見える化」ツールを用意

■お客様メリット

- 画像メーカに頼らず、お客様自身で改善･改良が可能
- 画像設計の開発が一から必要ないため、コスト負担の低減
- 画像検査装置のメーカ製だから、AIが苦手な寸法計測などの画像処理を追加可能

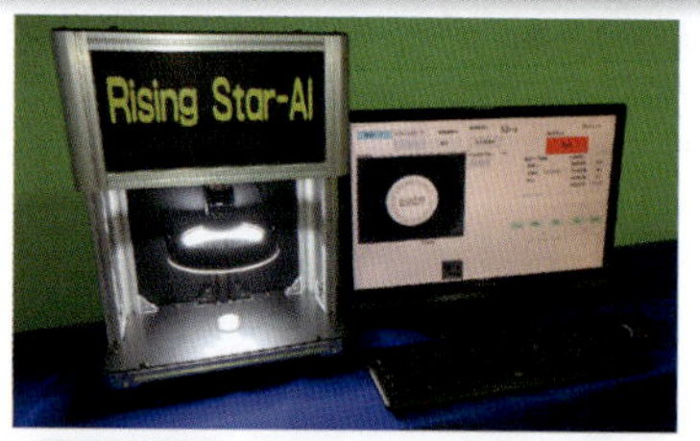

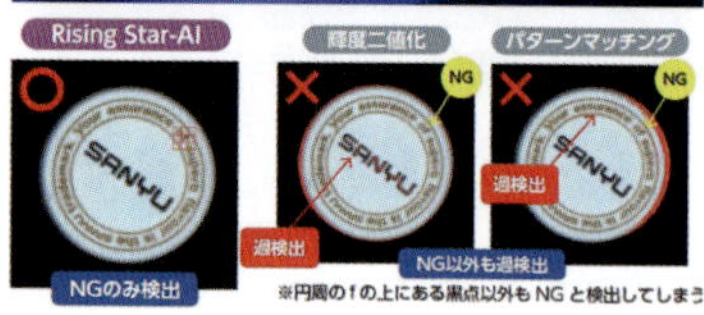

㈱シーイーシー

TEL 03-5789-2442
http://www.cec-ltd.co.jp/

ディープラーニングを活用した画像検査ソフト WiseImaging

WiseImagingは、外観検査を自動化する画像処理技術とディープラーニング（深層学習）による学習アルゴリズムを活用し、少ない学習画像でも高度な画像検査処理を支援するソフトウェア。既存の画像認識・画像処理手法や機械学習手法と比べ、ディープラーニングで対象データを学習し、特徴量を自動的に抽出することができる。検査対象は、プレス部品や電子部品の検査、半導体製造装置に使用される製品・パーツに対する傷や汚れ、打痕、張り合わせ不良などのほか、画像ノイズ、読み取りづらい文字にも対応している。

また、照明の当て方や閾値設定など難しい環境下でも、実際の検査画像を元にした特徴抽出で過剰検出の抑制、検査の最適化が可能である。

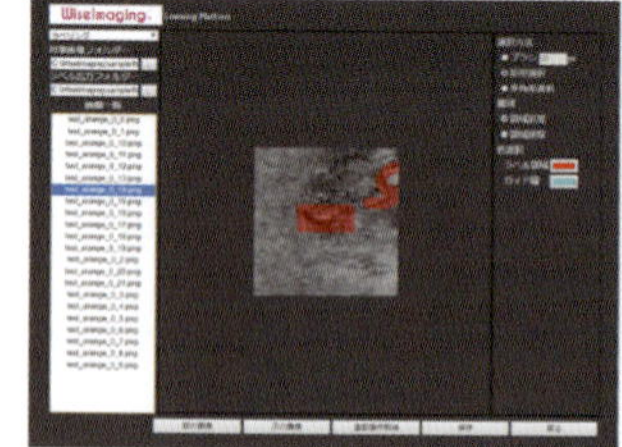

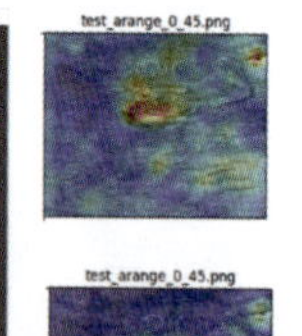

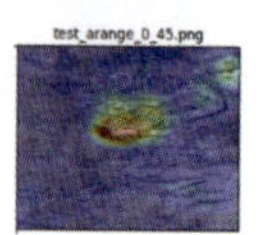

■写真説明

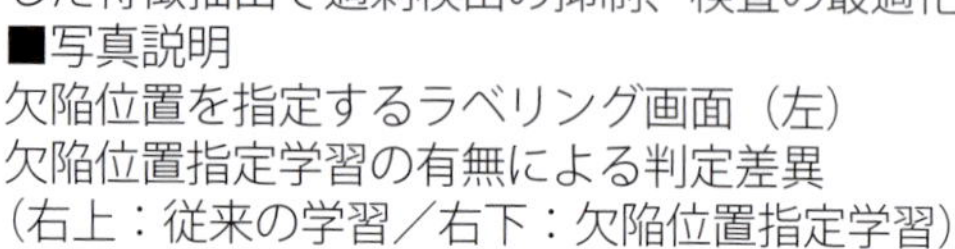

欠陥位置を指定するラベリング画面（左）
欠陥位置指定学習の有無による判定差異
（右上：従来の学習／右下：欠陥位置指定学習）

タクトピクセル㈱

e-mail contact@taktpixel.co.jp
https://taktpixel.co.jp

印刷画像向け深層学習学習済みモデル作成 POODL

POODL（プードル）はディープラーニング（深層学習）技術を印刷製造業向けに手軽に扱えるようにするためのプラットフォームである。印刷製造業界では画像検査を始めとするマシンビジョンの技術が広く使われているが、深層学習を応用することでさらなる印刷品質の向上と業務効率化が期待できる。少ロット多品種であるという製品の性質を考慮した学習アルゴリズムの適用や、既存のシステムへの組み込みを想定するなど、印刷製造現場へ導入しやすい仕組みを備えている。

- API経由ですべての機能が利用可能
- 現場で使えるアノテーションツール
- 必要に応じてクラウド上の計算資源を利用することで低コストでの導入が可能
- 個別のカスタマイズに対応

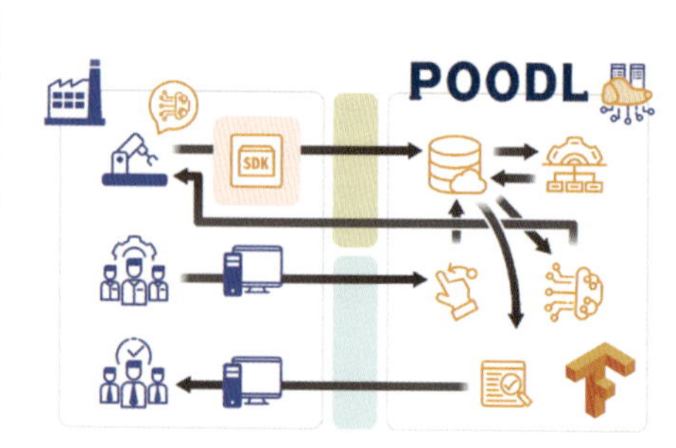

㈱東京ウエルズ

TEL 03-3775-4331
https://www.tokyoweld.com/

人口知能（AI）による表面実装部品の外観検査装置

当社はダイオード、トランジスタ、LEDなどの個別半導体や、抵抗器、コンデンサ、インダクタなど電子部品用の外観検査装置メーカーである。

昨今、当社の外観検査装置TWA-4100シリーズの更なる進化を目的としたAIによる画像検査機能の開発に取り組んでいる。製造過程の微妙な変化に起因する複雑な良品許容範囲の定義と流出を防ぎたい欠陥項目の定義を矛盾なく検査レシピに反映させ、労せず維持管理するためにはAI検査機能が必要不可欠であると当社は考えており、既存顧客からも多くの賛同が得られている。PoC（概念実証）フェーズは既に終了し販売開始に向けて実装準備を進めている。

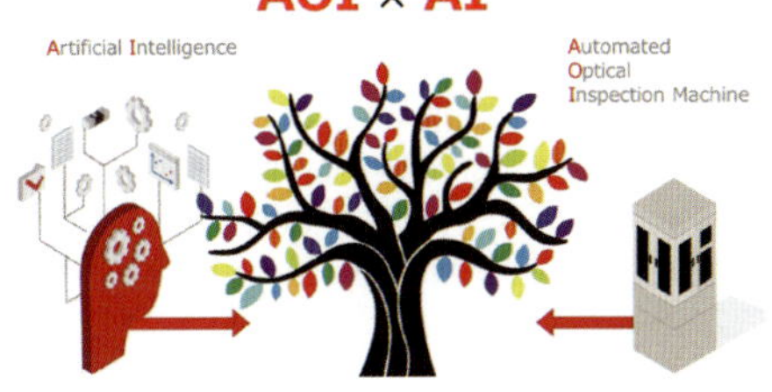

㈱トラスト・テクノロジー

TEL 042-843-0316
http://www.trust-technology.co.jp/

生産現場向けAI搭載画像検査システム AI Inspector（AIインスペクター）

AI Inspectorは、生産現場向けAI搭載画像検査システムである。ビジュアルな画面上で数ステップの操作を行うだけで、容易に産業用途向けの検査システムを構築できる。

ソフトウェアパッケージとPCのセットで提供され、エッジで動作するため、ネットワーク接続が禁止されている工場に設置が可能。カメラや画像処理、AI判定の各処理機能は、すべてユニットと名付けられたアイコンで登録でき、それらを自由に連結させることで、生産ラインに合わせたシステム を柔軟に構築し、チューニングできる。

カメラは産業用カメラに対応し、外部プログラムや社内ネットワーク、工場内のPLC機器との連動も可能。PCは GPUを搭載しており、1台でAIの学習から推論までを行える。

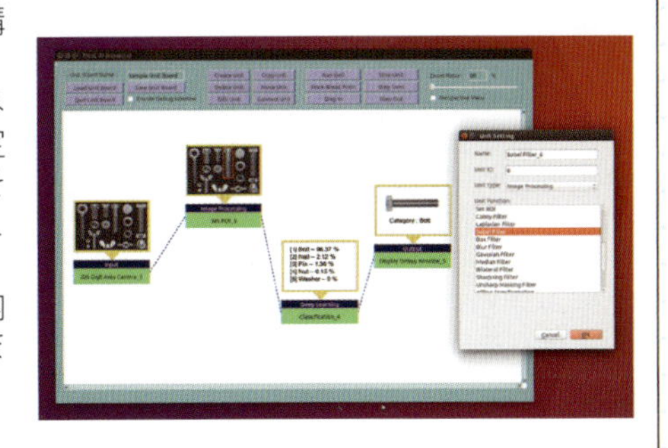

㈱Preferred Networks

https://pvi.preferred-networks.jp/

短期立ち上げと高精度を同時に実現する革新的な外観検査ソフト

Preferred Networks Visual Inspectionは深層学習により、高い精度と柔軟性を低コストで実現する外観検査ソフトウェアである。従来の深層学習検査ソフトウェアが抱える、大量の学習データの収集、アノテーションの手間、モデル構築の難しさ、といった問題を解決し、より少ない学習データに対する簡易なアノテーションによって高精度の検査を実現。それにより、短期間・低コストで検査システム構築が可能。

- 学習データとして、良品100サンプル・不良品20サンプル程度から学習可能
- 学習用製品画像の不良箇所を教示する必要なし
- 検知結果は不良箇所をハイライト表示
- 画像登録からモデルの学習、精度比較までを管理できるGUI 学習ツールを提供
- 金属・布・繊維・食品などの検査に利用可能

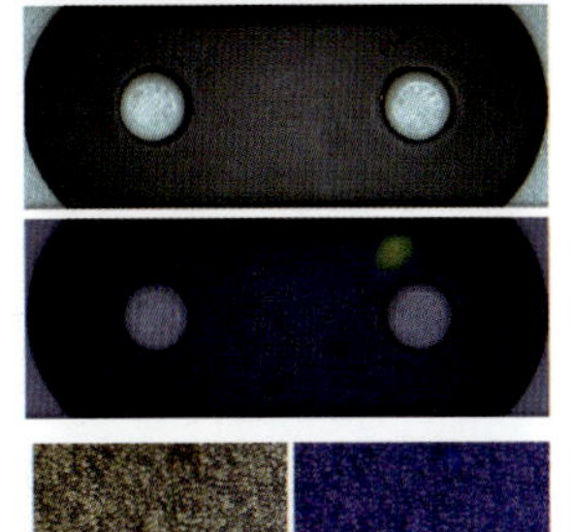

㈱ペリテック

TEL 027-328-6970
https://www.peritec.co.jp

目視に匹敵する検査精度で、生産性向上をサポート

ペリテックの技術力と汎用性の高いLabVIEW（プログラミング言語）を組み合わせ、AIディープ・ラーニングを多種多様な計測・制御装置・ロボットとシームレスに統合。

その他、AIディープ・ラーニングを基にシステムインテグレーションが可能。

■特長

●学習するAIは自ら評価モデルを構築し、高精度な目視検査の自動化を実現　●複雑なアルゴリズム開発が不要　●製造ラインにおける製品品質の均質化や運用の簡素化・省力化が期待できる　●数時間の学習で運用開始可能

■事例

●機械加工部品の外観検査　●印刷、印字のずれ検査　●外観特徴の位置検出・個数カウント　●外観上の欠陥検出　●色柄・模様検査　●外観ベースの製品仕分け

㈱マイクロ・テクニカ

TEL 03-3986-3143
http://www.microtechnica.jp/

オールインワンのDeep Learning画像処理ソフトウェア開発ツール　Adaptive Vision

画像処理ソフトウェア開発ツールAdaptive Visionは、カメラ制御／ディープラーニング／従来アルゴリズム／GUIをもつ画像処理システムの開発・支援を行う機能をオールインワンで提供する。

カメラ接続用のインターフェース・画像処理・画像解析・判定・計測・各種I/O等の、画像処理ソフトウェアの開発に必要な機能がソフトウェアモジュールとして用意されているので、マウスのドラッグ＆ドロップでそれらを並べる操作でプログラムが作成できる。

現在５種用意されているディープラーニング機能を、これらの各種機能と自由に組み合わせてソフトウェアの開発ができる。Adaptive Visionは実際に稼働するシステムを圧倒的短時間で作成できるツールだ。

マクセルシステムテック㈱

TEL 045-443-5840
http://www.systemtech.maxell.co.jp/

エッジAIを実現する組み込み画像認識システム NVP-Ax400シリーズ

NVP-Ax400シリーズは、画像認識アクセラレータおよび歪み補正エンジンを搭載する画像認識ボード・ユニットである。新たなカラー画像処理方式の採用により、カラー画像に対する処理の高速動作が可能となったほか、最大1600万画素の高精細カメラおよび最大16K画素のラインスキャンカメラ取り込みに対応する。豊富なインタフェースを備え、組み込み画像認識システムの構築に最適である。

また、画像認識アクセラレータによる高速なAIを実現する。DLフレームワークで生成したCNN学習モデルを専用ツールでNVP用に変換することで、独立した推論処理が可能となる。前処理などの画像認識コマンドと組み合わせることで、シンプルな学習モデルでエッジAIを実用化できる。

㈱Rist

E-mail hello@rist.co.jp
https://www.rist.co.jp

人間の感覚を持った画像検査システム「Deep Inspection」

Deep Learningを用いた画像検査システム「Deep Inspection」は、お客様の課題に応じて柔軟に提案を行い、最新の研究結果を元に開発し提供している。製造業では検査工程は欠かせないものの求められる検査基準や手法は多様であり、実用化に耐える検査システムを導入するためには、製造現場への理解が欠かせない。

「AI画像検査ソフトを購入したが、思うような精度が出せなかった」
「大手企業に依頼したが納得いく結果が得られなかった」
といったお客様が弊社へ問い合わせを頂いていることが多く、撮影条件の検討から検査装置納品まで対応が可能である。

大手自動車部品メーカーへの納品実績やAIを用いた多様な検査手法があるため、是非お問い合わせ頂きたい。

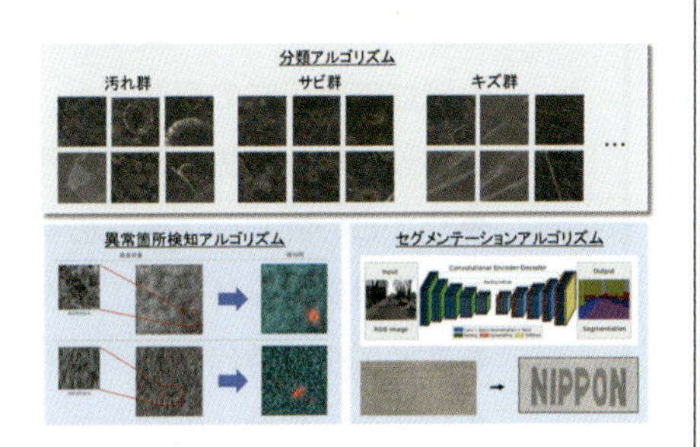

㈱リンクス

TEL 03-6417-3371
https://linx.jp

世界最先端画像処理ライブラリ HALCON

HALCONは多機能性・高速性・精度・安定性の高い世界最先端の画像処理ライブラリである。

HALCONの開発元であるMVTec社は、これまで培ってきた産業用画像処理のノウハウと、最新技術であるディープラーニングを融合させた。複雑なパラメータ調整や、大量の画像データの準備が無くても、実用に足る性能を簡単に得られるような，高いユーザビリティを実現している。

最新バージョン「18.11」にはディープラーニングによる分類やオブジェクト検出といった機能が搭載され、これまで同様買い切りの形で安定的に利用できる「Steady Edition」と、半年毎に新機能が追加される「Progress Edition」の二種類からお客様の用途に応じて選択できる。

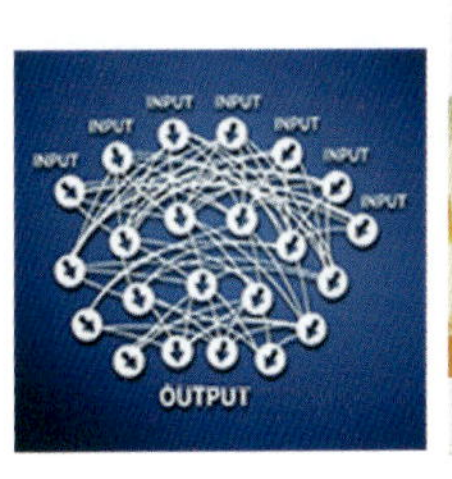

YKT㈱

TEL 03-3467-1270
https://www.ykt.co.jp/

実装基板・多目的外観検査装置 PRECISION EYE ／ウイングビジョン社

■目視検査を自動化・省人化、スキルレスの簡単検査設定！

「専門的なスキルを要する」、「プログラムの設定に時間がかかる…」。このような画像検査の難点を解消するために、外観検査装置PRECISION EYEには、マウス操作だけで簡単に検査が完了する「メッシュマッチング」システムが搭載されている。ウイングビジョン社が独自開発したこの画期的な方式が、目視検査の自動化・省人化、検査時間の短縮をサポートする。

特にAI搭載型モデルは実装基板分野の検査に特化しており、例えば3,000点の電子部品を載せたMサイズ基板の検査設定は、わずか10分で完了する。多品種小ロット生産に適しており、効率的に運用することが可能だ。

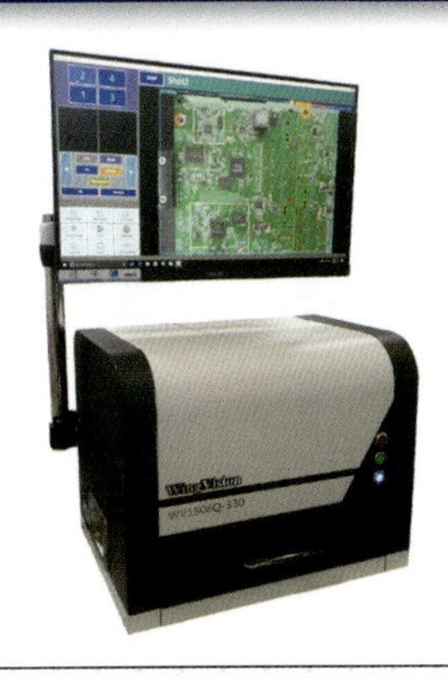

〈東京本社付近図〉

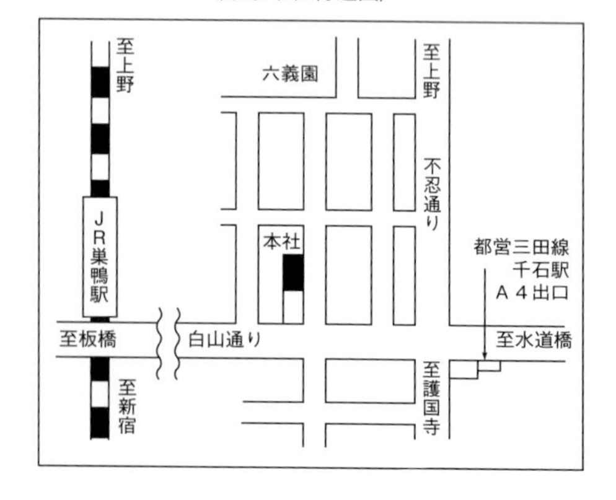

月刊 画像ラボ別冊
〔産業分野における〕
AI・ディープラーニングを利用した画像検査・解析の効率化
編　　集　月刊画像ラボ編集部
発 行 人　小林 大作
発 行 所　日本工業出版株式会社
発 行 日　2019年4月10日
本　　社　〒113-8610　東京都文京区本駒込6-3-26
TEL03（3944）1181㈹　FAX03（3944）6826
大阪営業所　TEL06（6202）8218　FAX06（6202）8287
販売専用　TEL03（3944）8001　FAX03（3944）0389
振　　替　00110-6-14874
https://www.nikko-pb.co.jp/　E-mail：info@nikko-pb.co.jp

ISBN978-4-8190-3108-0　C3455　¥1500E　定価：本体 1,500円＋税

本誌の広告に対する資料等のご請求はこのFAX用紙または ホームページ（http://www.nikko-pb.co.jp/）をご利用下さい。

日本工業出版㈱　資料請求係行

該当雑誌に○でお囲みください。

■配管技術　■油空圧技術　■建設機械　■超音波TECHNO　■住まいとでんき
■光アライアンス　■検査技術　■ターボ機械　■環境浄化技術　■計測技術
■建築設備と配管工事　■クリーンテクノロジー　■福祉介護テクノプラス
■月刊自動認識　■画像ラボ　■クリーンエネルギー　■プラスチックス
■機械と工具　■流通ネットワーキング

の　　　年　　　月号を見て下記広告資料を請求いたします。

ご請求者		
	会社名：	お名前：
	住所：〒	
	部署名：	メールアドレス：
	TEL：	FAX：

■カタログ請求会社■

資料請求No.	会社名	製品名

※表紙広告1,2,3,4の資料請求No.は表紙1は00A表紙2は00B表紙3は00C表紙4は00Dとして記入してください。

〈個人情報について〉お申込みの際お預かりしたご住所やEメールなど個人情報は事務連絡の他、日本工業出版からのご案内（新刊案内・セミナー・各種サービス）に使用する場合があります。

FAX：03-3944-6826

（ホームページ・FAX24時間受付）

マシンビジョン・画像検査のための 画像処理入門

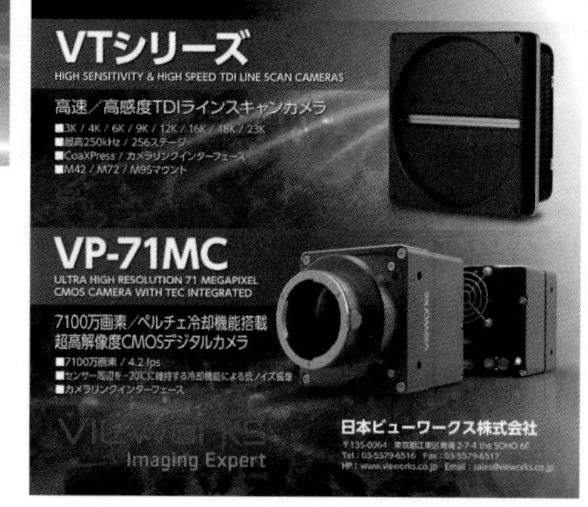

FAX 03-3944-6826

フリーコール 0120-974-250

近年、FAに代表されるマシンビジョンなど画像処理を応用する分野は、ハード・ソフトの技術の進化によりさらに広がりつつあります。生産現場では品質管理の向上、生産の効率化のため、画像処理システムへのニーズは依然として根強いものがあります。

本誌では、特に画像検査に焦点をあて、画像処理システムを構築、運用する上で必要となる基本知識や手順・ポイントについて紹介いたします。ユーザの画像検査に携わる方、画像検査装置やシステムを構築する企業の新入社員など初心者、入門者に役立つ内容となります。

月刊「画像ラボ」編集部編
A4変形判　本文66頁　定価：1,500円＋税

目　次

勤務先		ご所属	
ご住所	〒　　　勤務先□　自宅□		
氏名		E-mail	
TEL		FAX	
申込冊数	1,500円（税別）＋送料100円×　　部　合計　　円		

日本工業出版㈱ 〒113-8610 東京都文京区本駒込6-3-26　TEL:0120-974-250　FAX:03-3944-6826　E-mail:sale@nikko-pb.co.jp

資料請求No. 012